# Stratis Karamanolis

# Blick in das Innere der Materie

ISBN 3-922238-92-0

© 1991 Copyright Elektra Verlags-GmbH
Nibelungenstraße 14
8014 Neubiberg b. München
Tel.: (089) 601 13 56
Fax: (089) 601 50 67

Zeichnungen: Inge Seidel
Satz und Druck: Heil-Druck, K. Neisius, Bad Ems
Printed in West Germany

# Inhaltsverzeichnis

# Vorwort

Die Suche nach dem Urstoff, aus dem die Welt entstanden ist, hat die Menschen seit eh und je beschäftigt. Dieses mühselige und zugleich anspruchsvolle Unterfangen erzielte zu Beginn unseres Jahrhunderts einen bedeutenden (wenngleich nicht endgültigen) Fortschritt durch die Entdeckung der Äquivalenz von Masse und Energie. Denn diese Erkenntnis erlaubte, die Problematik der Entstehung der Materie auf die Problematik der Entstehung der Urenergie zurückzuführen.

Die vorliegende Darstellung beginnt mit der griechischen Antike, in der zuerst Leukippos und sein Schüler Demokrit den atomaren Aufbau der Materie erwogen. Es sollte jedoch mehr als zwei Jahrtausende dauern, bis gegen Ende des 19. Jahrhunderts die Realität der Atome endgültig anerkannt wurde. Danach vergingen nurmehr wenige Jahrzehnte, bis der Mensch imstande war, in das Innere der Atome zu „blicken". Somit stellte er fest, daß Atome komplexe Systeme repräsentieren, die aus Elektronen und Nukleonen (Protonen und Neutronen) zusammengesetzt sind. So hatte es zunächst den Anschein, als ob der Mikrokosmos aus nicht mehr als drei Elementarteilchen bestünde. Hinzu kam natürlich das Photon als das Botenteilchen des Lichtes bzw. der Strahlung.

Wenige Jahre später erwies sich dieses Bild jedoch als hinfällig, indem nach und nach Dutzende, ja Hunderte weiterer Elementarteilchen entdeckt wurden.

Kaum hatten die Teilchenphysiker eine erste Systematik dieser Teilchen erstellt, da kamen neue Erkenntnisse auf sie zu, die insbesondere die innere Struktur der Hadronen (vgl. Kap. 5) betrafen. Auf diesem Wege gelangte die Physik zur Erkenntnis der Quarks. Es folgte die Entdeckung der Gluonen, d. h. der Botenteilchen der starken Kraft, und wenig später die der Weakonen, d. h. der Botenteilchen der elektroschwachen Kraft.

Derzeit ringt die Physik darum, der Urkraft auf die Spur zu kommen, welche die schwache Kraft, die elektromagnetische Kraft, die starke Kraft und die Gravitation zu vereinigen vermag.

Die Suche nach dieser Naturkraft begann eigentlich bereits im 19. Jahrhundert, als Michael Faraday (1791-1867) und James Clark Maxwell (1831-1879) zeigen konnten, daß Elektrizität und Magnetismus aufs engste miteinander verbunden sind. Ihre Arbeiten führten zu der Erkenntnis des Elektromagnetismus und der zugehörigen elektromagnetischen Wellen, die nicht allein die Technik, sondern auch die belebte sowie die unbelebte Welt regieren.

Es sollte nicht lange dauern, bis unumstößliche Anhaltspunkte dazu anhielten, auf diesem Wege fortzuschreiten. Erstes Ziel war die Vereinigung des elektromagnetischen Feldes mit dem Gravitationsfeld. Einsteins Bemühen um die Integration beider Kräfte blieb jedoch ohne Erfolg. Erst in den siebziger Jahren konnten durch die Vereinigung der elektromagnetischen und der schwachen Kraft erste Fortschritte erzielt werden. Das Ergebnis war die Theorie der elektroschwachen Kraft.

In der Folge wurden theoretische Arbeiten vorangetrieben, die das Ziel hatten, die elektroschwache Kraft mit der starken Kraft zu vereinen. Dabei traten erste Anzeichen dafür zutage, daß auch die Gravitation mit den übrigen Naturkräften zu vereinigen ist. Damit schien das Tor zur Konzeption einer einheitlichen Feldtheorie geöffnet zu sein. Gelänge es, elektromagnetische Kraft, starke Kraft, schwache Kraft und Gravitationskraft zu vereinen, so wäre es möglich, alles Geschehen innerhalb des Kosmos aus einer einzigen Urkraft zu erklären. Da einerseits die Urkraft durch Botenteilchen übermittelt wird, andererseits auch die Materie aus Teilchen zusammengesetzt ist, würde eine solche Theorie zugleich eine einheitliche Beschreibung von Kraft und Materie liefern. Dieses Ziel scheint heute durch die Formulierung zweier Konzeptionen nähergerückt zu sein. Dabei handelt es sich um die Theorie der Strings (bzw. Superstrings) und die Theorie der Twistoren (bzw. Supertwistoren). Setzt erstere die postulierten Strings (bzw. Superstrings) mit einem mehrdimensionalen Raum in Verbindung, so kommt letztere mit nur drei Dimensionen aus, die allerdings nur mit komplexen Zahlen beschrieben werden können.

Ob die Twistoren-Theorie den Schlüssel zur Konzeption einer einheitlichen Feldtheorie birgt, steht heute noch offen.

Das vorliegende Buch versucht nachzuzeichnen, auf welchem Wege die Physik sich diesem Ziel bis auf wenige, wenngleich entscheidende Schritte zu nähern vermochte.

München, 1991

Der Verfasser

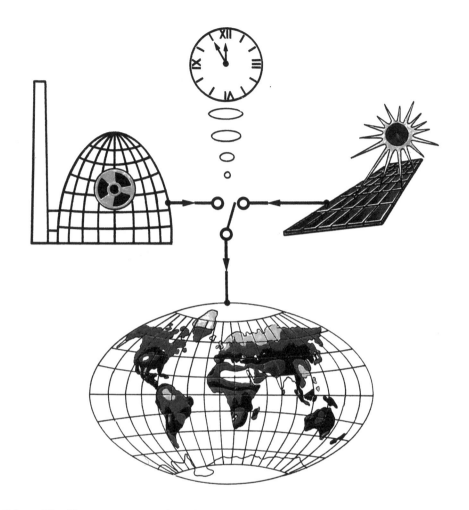

»Nur die Sonnenenergie über den Hauptweg der Photovoltaik und des Solarwasserstoffes kann uns (langfristig) aus dem gegenwärtigen Öko-Energie-Dilemma befreien. Andere Energiequellen stellen allenfalls Nebenhilfen dar. Dies gilt auch für die Biomasse. Kollektivfehler - und daran ist die Menschheitsgeschichte keineswegs arm - können wir uns diesbezüglich nicht leisten.«
*Stratis Karamanolis*

# 1 Der Weg zum atomaren Aufbau der Materie

Wir wissen heutzutage nicht allein, daß die Materie atomar aufgebaut ist, sondern auch, daß sie eine Art eingefrorener Energie darstellt. Wir glauben ferner zu wissen, daß diese Energie (die sogenannte Urenergie) der Schöpfungsstoff ist, von dem die Weltentstehung ihren Ausgang nahm.

Diesen Erkenntnisstand hat die Wissenschaft naturgemäß nicht von heute auf morgen erreicht. Es bedurfte vielmehr eines Jahrtausende währenden Bemühens, dessen Anfänge sich im Vorfeld von Magie und Mythologie verlieren.

Die ersten Ansätze zur Befreiung des menschlichen Geistes aus den mythologischen Vorstellungen finden sich in der griechischen Antike, insbesondere bei den Eleaten unter der geistigen Führung des Thales von Milet (um 624 - 546 v. Chr.), einem der sieben Weisen der Antike, den Aristoteles den Vater der Philosophie nannte. In der Lehre des Thales begegnet zum ersten Mal der Begriff des „Urgrundes" bzw. der „Substanz" (gr. οὐσία) zur Bezeichnung des Anfangs aller Dinge. Hier handelt es sich um nicht mehr und nicht weniger als um die Begründung des philosophischen Materialismus, der den Ausgangspunkt des Seins in der Materie erblickt. Dabei betrachtete Thales das Wasser als die aller Materie zugrundeliegende Ursubstanz - wohl weil es in der Umwelt überall in reichlicher Menge anzutreffen ist. Welche Bedeutung auch spätere Denker dem Wasser beigemessen haben, geht aus dem Zeugnis Pindars hervor, der im 4. Jahrhundert vor Christi Geburt den bekannten Ausspruch tat: „Άριστον μὲν ὕδωρ" (dt. „Das Beste aber ist das Wasser").

Auch Anaximander (um 610 - 545 v. Chr.), ein Zeitgenosse des Thales, der ebenfalls in Milet lebte, vertrat die Auffassung, daß die Welt aus einem einzigen Urstoff entstanden sei. Er nannte ihn „Apeiron" (gr. ἄπειρον „unendlich"). Damit entfernte er sich von der erfahrbaren Realität, indem er sie aus einem abstrakten Urprinzip herleitete. Zwar gab es unterschiedliche Interpretationen des Apeiron, doch konnte keine von ihnen zur Erkenntnis der Materie oder gar ihres atomaren Aufbaus führen.

Den Nachteil der Lehre seines Lehrers Anaximander suchte später sein Schüler Anaximenes (um 585 - 525 v. Chr.) zu beheben, indem er den Begriff des Apeiron durch den der Luft (gr. ἀήρ) ersetzte. Nach seiner Auffassung entsteht durch die Verdünnung dieses Urstoffs das Feuer, durch seine Verdichtung Wind und Wolken. Weitere Verdichtungen führen zur Entstehung des Wassers, der Erde und des Steins. Alle übrigen Dinge sind allein abgeleitete Produkte des Urstoffs „Luft".

Auch Heraklit von Ephesos (um 544 - 483 v. Chr.) hielt an der Lehre von dem einen Urstoff aller Dinge fest. Im Unterschied zu seinen Vorgängern bestimmte er ihn als das Feuer. Dieses galt ihm aber weniger als körperlicher Stoff denn als Symbol für die ewige Unruhe des Werdens und Vergehens, die er auf die prägnante Formel des „Alles fließt" (gr. τά πάντα ῥεῖ) brachte. Den Ursprung der Welt beschreibt der Denker mit den folgenden Worten:

*„Diese Welt hat kein Gott und kein Mensch erschaffen, sondern sie war immer und ist und wird sein ein ewig lebendiges Feuer nach Maßen erglimmend und nach Maßen erlöschend."*

Das Feuer stellt also für Heraklit das Bild ewiger Bewegung und Veränderung dar. Der niemals endende Weltprozeß erfolgt nach seiner Auffassung auf zwei Wegen: Dem Weg nach unten, auf dem sich das Feuer in Wasser und dieses wenigstens zum Teil in Erde verwandelt, und dem Weg nach oben, auf dem aus Erde und Wasser Ausdünstungen aufsteigen, denen er unter anderem die Seelen der Lebewesen zurechnet. Diese Ausdünstungen haben allerdings unterschiedlichen Charakter. Die helleren und reineren von ihnen verwandeln sich in Feuer und werden als Sonne, Mond und Sterne wahrgenommen. Die dunklen und feuchten dagegen sind die Ursache des Regens und anderer metereologischer Erscheinungen. Aus dem wechselnden Aufkommen der einen oder anderen Art dieser Erscheinungen erklärt sich der Wechsel von Tag und Nacht, Sommer und Winter.

Heraklit versucht mithin, aus dem Urstoff „Feuer" nicht allein die Entstehung der Materie, sondern auch ihre Gesetzmäßigkeiten zu erklären, wobei sich diese Erklärung auf die zu seiner Zeit bekannten Himmelskörper und Naturerscheinungen beschränkt. So unternimmt er beispielsweise den Versuch einer Deutung der Mond- und Sonnenfinsternisse: Sie kommen seines Erachtens dadurch zustande, daß die himmlischen Schalen dem Betrachter ganz oder teilweise ihre bauchige, dunkle Seite zuwenden.

Der Zentralbegriff der Lehre des Heraklit ist jedoch der Begriff des Logos (gr. λόγος „Wort"), der ihm als Gott gilt. Ein Widerhall dieser Auffassung findet sich noch zu Beginn des Johannesevangeliums (καί θεός ἦν ὁ λόγος „und Gott war das Wort"), dessen Autor ebenfalls aus Ephesos stammte. Der Logos ist für Heraklit das Weltgesetz, das alles Werden regelt. Von besonderer Bedeutung bleibt dabei der Gedanke der ewigen Bewegung, d.h. die Begründung eines dynamischen Weltbildes. Ersetzt man in der Konzeption des Heraklit den Begriff des Feuers durch den der Energie, so kommt seine Anschauung der Auffassung der modernen Naturwissenschaft erstaunlich nahe: Das explosive Feuer des Heraklit entspricht der Explosion des Uratoms, die nach heutiger Auffassung am Anfang der Weltentstehung stand.

Befaßte sich Heraklit in erster Linie mit dem Makrokosmos, so wandte sich Demokrit von Abdera (460 - 371 v. Chr.) dem Mikrokosmos zu. In der Nachfolge seines Lehrers Leukippos von Abdera (um 460 v. Chr.) verkündete er die Lehre der Atome und des leeren Raums. Die Wirklichkeit scheidet sich nach seiner Auffassung in das „Leere" und das „Volle", wobei sich wahre Welt und Wahrnehmungswelt keineswegs decken. Möglicherweise unter dem Einfluß seines älteren Zeitgenossen, des Sophisten Protagoras, der seinerseits in Abdera beheimatet war, sprach Demokrit den wirklichen Dingen alle Sinnesqualitäten wie Geschmack, Geruch, Wärme und Farbe ab. Alle Dinge weisen demnach nur die Eigenschaften des Räumlichen auf, alles Geschehen in der Welt besteht allein in Bewegung. Die Wahrnehmungsdinge setzen sich aus einfachen, d.h. unteilbaren Raumdingen zusammen, die Demokrit als Atome (gr. ἄτομος „unteilbar") bezeichnet. Die Wirklichkeit umfaßt mithin einerseits das unendliche „Leere", andererseits die unendlich vielen einfachen „Räumlichlkeiten", d. h. die Atome. Dabei bilden sich durch vielfache Stöße und Gegenstöße Wirbelbewegungen, die über mannigfache Zusammenballungen der Atome zur Entstehung der Welt führen. Dieser Prozeß setzt sich unendlich fort, so daß die materiellen Welten in unendlicher Anzahl neben- und nacheinander entstehen und vergehen. Dabei vollzieht sich diese Entwicklung nach einer strengen Gesetzmäßigkeit, so daß es kein zufälliges Geschehen gibt. Damit entstand also die Vorstellung des Determinismus, der bis auf den heutigen Tag den Scharfsinn von Philosophen und Naturwissenschaftlern beschäftigt.

Alle Atome bestehen nach der Lehre Demokrits aus demselben Stoff, der vorab die Eigenschaft des „Vollen" hat; sie sind jedoch von unterschiedlicher Form und Größe. Überdies können sie im leeren Raum unterschiedliche Stellungen einnehmen, wodurch Eigenschaften wie Geruch, Geschmack usw. zustande kommen.

Unter diesem Gesichtspunkt stellte die Lehre Demokrits eine Art Geometrie und Kinematik dar, die der Materie (d.h. den Atomen) die unterschiedlichsten Eigenschaften verleiht. Diese Kinematik aber weist einen deterministischen Charakter auf, der nichts dem Zufall überläßt. Das „Jetzige" ist aus dem „Vorangegangenen" mithin gesetzmäßig hervorgegangen. „Nichts entsteht aus dem Nichts, sondern alles aus einem bestimmten Grund und aus einer Notwendigkeit", soll Leukippos gesagt haben. Doch auch er und seine Nachfolger waren außerstande, einen Grund für die Erstbewegung der Atome anzugeben, standen also vor demselben Dilemma wie Jahrtausende später Newton, der die Erstbewegung in die Hand Gottes legte.

In der atomistischen Lehre des Demokrit sind die Atome ewige und unzerstörbare Einheiten der Materie, die sich nicht ineinander verwandeln können. Diese Auffassung hat allerdings dem Fortschritt der naturwissenschaftlichen Erkenntnis nicht standgehalten. Stoßen beispielsweise zwei Teilchen mit hoher Geschwindigkeit aufeinander, so können vielmehr zahlreiche neue Teilchen erzeugt werden, für deren Entstehung die Bewegungsenergie der Ausgangsteilchen von vorrangiger Bedeutung ist.

Aus Atomen besteht nach der Ansicht Demokrits auch die menschliche Seele. Dabei handelt es sich um besonders feine, runde und glatte Atome, die den ganzen Leib durchlaufen. Seelenatome, die dem Körper entweichen, werden durch Einatmen anderer Seelenatome ersetzt. Beim Tode aber verlassen alle Seelenatome den Körper.

Die atomistische Lehre des Demokrit wurde von den nachfolgenden Denkern der Antike teils akzeptiert, teils entschieden abgelehnt. Zuerst suchte sie Empedokles aus Akragas (um 495 - 435 v. Chr.) durch die Auffassung zu ersetzen, daß die Materie aus den vier Elementen Feuer, Wasser, Luft und Erde besteht. Zu ihren Widersachern zählte vor allem Platon (427 - 347 v. Chr.), der den Wunsch geäußert haben soll, daß sämtliche Schriften Demokrits verbrannt würden. Dessen ungeachtet findet man auch in seinen Schriften Gedanken, die dem Atomismus nahestehen. In seinem Dialog „Timaios" sind die Atome jedoch nicht stoffliche Erscheinungen, sondern mathematische Formen. Nach Platons Auffassung stellen allein symmetrische Körper wie Würfel oder Oktaeder Elemente der materiellen Welt dar.

Zu den Gegnern des atomistischen Weltbilds gehörte auch Aristoteles (384 - 322 v. Chr.), der weder die ewige Bewegung der Atome noch die Existenz des leeren Raumes akzeptierte. Die Folgen seiner Ablehnung waren verhängnisvoll, da jahrhundertelang niemand seine Autorität in Frage zu stellen vermochte, so daß die atomistische Anschauung für lange Zeit in den Hintergrund trat. Dazu trug nicht zuletzt das Christentum bei, das an der Vorstellung einer wahllosen Bewegung der Atome Anstoß nahm. Sie war unvereinbar mit der Annahme eines Gottes, der die Welt nach einem festen und vorausbestimmten Plan konzipiert hat und seither leitet. Somit geriet die atomistische Lehre in Widerspruch zu den Glaubenswahrheiten, die Atomisten in den Verdacht des Atheismus.

Das Mittelalter trug zur Problematik weder im positiven noch im negativen Sinne bei. Erst im 17. Jahrhundert begegnen erneut kritische Auseinandersetzungen mit dem Atomismus. Zu seinen entschiedensten Gegnern zählte der französische Theologe, Philosoph, Mathematiker und Naturwissenschaftler René Descartes (1596 - 1650), der die Auffassung vertrat, daß die einzige Eigenschaft der Körper, von der wir eine „klare und deutliche Vorstellung" besitzen, ihre Ausdehnung sei. Aus dem Umstand, daß jeder Körper eine Ausdehnung haben muß, folgt jedoch, daß es keinen leeren Raum geben kann. Folgerichtig stellt er sich den Raum als ein stoffliches Kontinuum vor, das mit einer Art flüssigem Äther gefüllt ist. Der Äther besteht nach seiner Auffassung aus kleinen Teilchen, die ihrerseits unbegrenzt teilbar sind. Die Bewegung dieser Teilchen ist für die Kraftübertragung verantwortlich - eine Funktion, die heute der Wirkung des Feldes allgemein zugeschrieben wird. Auf diese Weise hielt der Begriff des Äthers erneut Einzug in die Naturwissenschaft, bis ihn Albert Einstein zu Beginn des 20. Jahrhunderts endgültig zu bannen vermochte. Möglicherweise waren die Ansichten Descartes von denen des Anaxagoras (um 500 - 428 v. Chr.) beeinflußt, der die Auffassung vertrat: „Von dem Kleinen gibt es kein Allerkleinstes, sondern lediglich ein immer Kleineres, denn es ist unmöglich, daß das Seiende durch Teilung bis ins Unendliche aufhört zu sein."

Das 17. Jahrhundert war jedoch zugleich die Zeit, in der viele Denker Anstrengungen zur Verteidigung der Atomistik unternahmen. Zu ihnen gehört beispielsweise Pierre Gassandi (1592 - 1655), der vergeblich versuchte, die Lehre Demokrits experimentell zu erhärten. Magnien experimentierte wiederum mit dem Ziel, die Atome zu zählen. So berichtete er damals wie folgt: *„Mehr als einmal habe ich beobachtet, wie sich der Rauch eines verbrannten Weihrauchkorns so verbreitet, daß er einen Raum erfüllt, der mehr als 700 Millionen Mal größer ist als das Korn selbst. Da es nun in diesem mit Weihrauch erfüllten Raum keine feststellbare Luftmenge gab, welche keine Düfte enthielt und das Weihrauchkorn etwa die Größe einer Erbse hatte, welche ohne Feuer in mindestens tausend noch vom Auge feststellbare Teilchen geteilt werden kann, so folgt daraus, daß die Anzahl noch feststellbarer duftender Teilchen in diesem Raum 700 000 000 000 betrug. Aber auch jene einzelnen Teilchen waren ein Konglomerat von verschiedenen Partikeln, und mit großer Wahrscheinlichkeit enthielt jedes von ihnen mindestens eine Million Atome. Aus dieser Berechnung ergibt sich also, daß in diesem Weihrauchkorn, obgleich es selbst nicht größer als eine Erbse war, mindestens 700 000 000 000 000 000 Elementaratome enthalten waren. Daraus kann man ersehen, wie winzig ein Atom ist, und kann erahnen, wie groß die Anzahl der Atome im ganzen Universum sein muß.“*

In der Folgezeit erhielt die atomistische Konzeption starken Rückhalt durch die allmähliche Einsicht in den Aufbau der Materie aus einer begrenzten Anzahl chemischer Elemente. Bereits zu Beginn des 18. Jahrhunderts entwickelte Georg Stahl die sogenannte Phlogistontheorie (gr. φλόξ „Flamme“), die lehrte, daß bei der Verbrennung eines Körpers stets ein Stoff entweicht, der als Flamme (Phlogiston) emporsteigt und die Grundlage der chemischen Elemente bildet.

Der Wahrheit näher kam noch im gleichen Jahrhundert der Franzose Antoine Lavoisier (1743 - 1794), der im Jahre 1789 eine neue Lehre der chemischen Elemente begründete, die bereits 23 Elemente unterschied.

Der eigentliche Begründer der Theorie der chemischen Elemente ist jedoch der englische Mathematiker und Naturforscher John Dalton (1766 - 1844). Die Regeln, die er damals aufstellte, haben ihre Gültigkeit bis auf den heutigen Tag behalten. Dalton stellte fest, daß die zu seiner Zeit experimentell gewonnenen Daten allein unter der Voraussetzung zu deuten waren, daß jedes chemische Element aus identischen und zugleich unteilbaren Atomen besteht. Untereinander identisch, mußten sich die Atome eines Elements zugleich von den Atomen aller übrigen Elemente unterscheiden. So ordnete er den Atomen der seinerzeit bekannten chemischen Elemente entsprechende Atomgewichte zu und stellte eine Tabelle auf, in der der Wasserstoff als das leichteste Element die erste Stelle einnahm. Das System erwies, daß sich Elemente mit beträchtlich abweichenden Atomgewichten in ihrem chemischen Verhalten häufig nahestanden. Auf diese Weise wurde der Weg geebnet, der im Jahre 1869 zur Konzeption des Periodensystems der chemischen Elemente führte.

Zu Daltons Zeit gab mithin die Chemie starke Argumente zugunsten des atomistischen Aufbaus der Materie an die Hand. Sie erlaubte jedoch allein die Bestimmung der relativen Masse der Atome. Ihre absolute Masse blieb weiterhin unbekannt. In dieser Hinsicht erbrachten erst die Arbeiten Benjamin Franklins (1706 - 1790) Fortschritte, die eine wenigstens grobe Bestimmung der Größe der Moleküle erlaubten. Zu diesem Zweck wurde eine bestimmte Menge Öl auf eine Wasserfläche gegossen, auf der sie sich anschließend in einer dünnen Schicht ausbreitete. Wiederholungen des Experiments ergaben, daß die Ölschicht stets die gleiche Dicke aufweist. Das führt wiederum zu der Überlegung, daß die Öltropfen nur soweit auseinanderfließen, bis die Ölschicht die Dicke der Ölmoleküle angenommen hat. Auf diese Weise konnte Franklin feststellen, daß ein Löffel Öl, der etwa 5 cm³ entspricht, sich über eine Fläche von 2000 m² ausbreitet. Aus dieser Beobachtung konnte er auf die Größe der Ölmoleküle schließen. Sie beträgt etwa $0,25 \cdot 10^{-8}$ m. Das aber bedeutet, daß die beteiligten Atome noch kleiner sein müssen. So schätzte man die Größe des Wasserstoffatoms auf etwa $10^{-11}$ m.

Die Naturwissenschaft des 19. Jahrhunderts sah sich somit in der Überzeugung bestätigt, daß die Annahme der Atome der Wirklichkeit entsprach. Zum einen blieben Gestalt und Struktur der Atome

16

jedoch weiterhin unbekannt, zum anderen wollten die Gegenstimmen keineswegs verstummen. So behaupteten Physiker vom Range eines Wilhelm Oswald (1853 - 1932) oder eines Ernst Mach (1838 - 1916), daß die beobachteten Phänomene auch ohne die Annahme der Atome erklärbar seien.

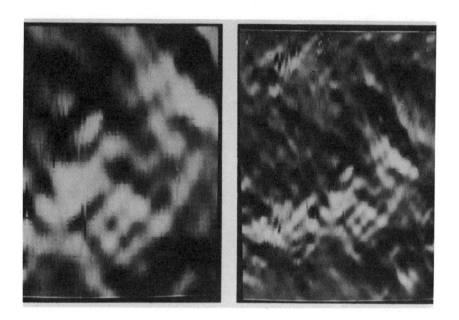

**Bild 1: Einzelne Atome, betrachtet mit Hilfe eines Raster-Tunnel-Mikroskops.**
**(Fotos: Fa. Leitz, Wetzlar GmbH)**

Ihren endgültigen Sieg konnte die Atomistik erst zu Beginn des 20. Jahrhunderts feiern. Der entscheidende Durchbruch gelang in der ersten wissenschaftlichen Arbeit des bis dahin gänzlich unbekannten Albert Einstein (1879 - 1955), die am 1. März 1901 unter dem Titel *„Folgerungen aus den Capillaritätserscheinungen"* in den *„Annalen der Physik"* erschien. Der Inhalt dieser Arbeit kann folgendermaßen zusammengefaßt werden:

Kleine allein mit Hilfe eines Mikroskops sichtbare Teilchen, die in einer Flüssigkeit schweben, weil sie etwa die gleiche Dichte wie diese haben und daher weder steigen noch fallen, führen fortwährend eine scheinbar regellose Bewegung aus, die um so heftiger ist, je höher

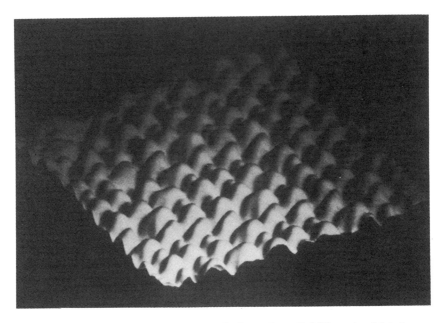

**Bild 2: Graphitoberfläche. Jedes der zuckerhutartigen Gebilde entspricht einem Einzelatom. Horizontale Gesamtbildbreite: ca. 4 nm.**
**(Foto: Stanford University)**

die Temperatur der betreffenden Flüssigkeit ist. Nach dem Botaniker Brown, der sie als erster beobachtete, wird diese Bewegung als Brown'sche Bewegung bezeichnet. Zwar war bereits gegen Ende des 19. Jahrhunderts die Vermutung geäußert worden, daß diese Bewegung mit der Wärmebewegung der Moleküle zusammenhängt, doch lagen keine Beweise für diese Anschauung vor, die daher vielfach als absurd abgetan wurde. Der junge Einstein nahm sich unmittelbar nach dem Abschluß seines Hochschulstudiums der Problematik an und fand eine befriedigende Lösung, die in die Formulierung eines konkreten Gesetzes mündete. Es besagt, daß der von den Teilchen zurückgelegte Weg der Quadratwurzel der verflossenen Zeit proportional ist.

Anschließende Experimente bestätigen dieses Gesetz, das seither als das Einstein'sche Gesetz der Brown'schen Bewegung bekannt ist. Mit Hilfe dieses Gesetzes vermochte man in der Folgezeit zum ersten Mal die Größe der Wassermoleküle experimentell zu ermitteln. So fand man beispielsweise, daß ein Liter Wasser $3{,}33 \cdot 10^{24}$ Moleküle enthält, eine Zahl, die auch durch andere Überlegungen bestätigt werden konnte. Damit aber war der atomare Aufbau der Materie eindeutig erwiesen. Was man also seit den Tagen Demokrits vermutete, konnte nunmehr auch experimentell bestätigt werden. Es sollten jedoch weitere sieben Jahrzehnte vergehen, bis man in der Lage war, die Atome auch optisch zu beobachten (vgl. Bild 1 und 2).

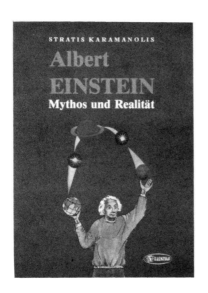

## Albert EINSTEIN

**Mythos und Realität**

*165 S., 10 Abb.*
*ISBN 3-922238-87-4*

Von Einsteins Name geht noch heute, vier Jahrzehnte nach seinem Tod, eine Faszination aus, der sich kaum ein Mensch entziehen kann.

Wer ist dieser Mann und was hat er geleistet, daß die Bewunderung seiner Anhänger beinahe einer Vergötterung gleichkommt?

Das vorliegende Buch berichtet über Leben und Werk dieses Mannes in einer Form, die auch den Laien anspricht. Dabei sind nicht nur Einsteins Relativitätstheorien (die spezielle und die allgemeine) allgemeinverständlich erläutert, sondern auch die Wege nachgezeichnet, die zu diesen großartigen Leistungen menschlichen Denkens geführt haben.

## Einstein für Genießer

*108 S., 41 Abb.*
*ISBN 3-922238-70-X*

Das vorliegende Buch, das vierte in der Reihe „Populäre Naturwissenschaft", kann als Fortsetzung der Bücher „Einstein für Anfänger" und „Einstein und der Kosmos" betrachtet werden.

Spezielle und allgemeine Relativitätstheorie werden hier leicht verständlich, jedoch anspruchsvoll behandelt.

# 2 Materie und Strahlung aus der Perspektive der klassischen Physik

Als Albert Einstein zu Beginn unseres Jahrhunderts die genannte Abhandlung über die Capillaritätserscheinungen veröffentlichte und damit den Weg zum Nachweis des atomaren Aufbaus der Materie theoretisch einebnete, waren Gestalt und innere Struktur der Atome völlig unbekannt. Den ersten Versuch eines Atommodells unternahm um die Jahrhundertwende der englische Physiker Joseph Thomson (1856 - 1940), der Entdecker des Elektrons. Nach seiner Auffassung bestand das Atom aus einer kugelförmigen, elektrisch positiv geladenen Masse, in der die negativ geladenen Elektronen wie Rosinen in einem Kuchenteig eingebettet sind (vgl. Bild 3 links). Die positive Ladung des Kuchenteigs und die negative Ladung der Elektronen heben sich gegenseitig auf, so daß die Atome nach außen elektrisch neutral erscheinen.

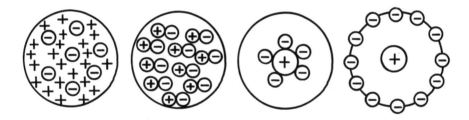

**Bild 3: Der Weg zur Atomstruktur führte über mehrere Atommodelle. Von links nach rechts: J. Thomson (1898), P. Lenard (1903), H. Nagaota (1904), E. Rutherford (1911).**

Das Thomson'sche Atommodell schien zunächst der Realität zu entsprechen, da sich einige bislang unerklärliche Phänomene mit seiner Hilfe deuten ließen. So erkannte man beispielsweise, daß Elektronen, die sich am Rande des Kuchenteigs befinden, die Atome verlassen können, wodurch diese elektrisch positiv erscheinen. Umgekehrt können Elektronen von außen in die Atome eindringen, wodurch diese elektrisch negativ erscheinen. Im ersten Fall spricht man von positiven, im zweiten von negativen Ionen.

Das Thomson'sche Atommodell, das im Jahre 1898 entstand, wurde trotz spöttischer Kritik von den führenden Physikern der Zeit zunächst weitgehend akzeptiert. Es dauerte jedoch nicht lange, bis sich herausstellte, daß dieses Atommodell nicht alle beobachteten Phänomene zu erklären vermochte. Unabweisbar erhob sich deswegen die Notwendigkeit, dieses Atommodell durch ein leistungsfähigeres zu ersetzen.

Bereits im Jahre 1903 präsentierte Philipp Lenard ein neues Atommodell, das aus mehreren Paaren elektrisch positiver und elektrisch negativer Ladungen bestand, wie es Bild 3 (zweites Modell von links) zeigt. Kaum veröffentlicht, war aber auch dieses Modell überholt, da es etliche physikalische Phänomene unerklärt ließ. Ebendies gilt für das Atommodell des japanischen Physikers Nagaota aus dem Jahre 1904 (Bild 3, zweites Modell von rechts), das seinerseits keinen Ausweg aus dem eingetretenen Dilemma wies.

Einen Schritt in die richtige Richtung vermochte wenige Jahre später Ernest Rutherford (1872 - 1937) zu tun, indem er die positive Ladung des Thomson'schen Modells dem Zentrum des Systems zuwies, das er als den „Atomkern" bezeichnete. Um diesen Kern kreisen die Elektronen wie die Planeten um die Sonne (vgl. Bild 3 rechts). Ein Wasserstoffatom, das einfachste Atom überhaupt, hat demnach die in Bild 4 gezeigte Gestalt. Ein elektrisch positiv geladenes Teilchen, das sogenannte Proton, bildet den Atomkern, um den ein Elektron kreist. Kompliziertere Atome besitzen eine größere Anzahl von Protonen und Elektronen.

Die Protonen weisen die gleiche Elementarladung wie die Elektronen, jedoch mit umgekehrtem Vorzeichen auf. Die Anzahl der Protonen entspricht der Anzahl der Elektronen, so daß das Atom nach außen stets elektrisch neutral erscheint.

Rutherfords Überlegungen und insbesondere die Ergebnisse seiner Experimente erwiesen sich für die zeitgenössische Physik als rich-

22

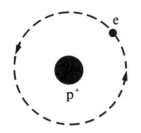

**Bild 4:** Das Rutherford'sche Wasserstoffatom-Modell enthält einen elektrisch positiv geladenen Kern und ein elektrisch negativ geladenes Elektron, das den Kern umkreist.

tungweisend und fanden deswegen weltweit Bewunderung und Anerkennung. Die Physik besaß also ein Atommodell, das „alle" Anforderungen der Zeit zu erfüllen vermochte. Es erlaubte überdies, Größe und Form der Atome der verschiedenen chemischen Elemente zahlenmäßig zu erfassen. So konnte experimentell nachgewiesen werden, daß das Wasserstoffatom eine Größe von etwa $10^{-8}$ bis $10^{-9}$ cm aufweist. Diese Zahl stellt zugleich eine kritische Größe dar, die nicht unterschritten werden kann.

Auch die Ausdehnung der Atomkerne ließ sich annähernd berechnen. Man ermittelte einen Wert zwischen $10^{-12}$ und $10^{-13}$ cm, also eine Ausdehnung, die $10^{-4}$ mal kleiner als die Ausdehnung des Atoms im ganzen ist (vgl. auch Tabelle 1). Das bedeutet, daß die Masse des Atoms nahezu vollständig im Atomkern konzentriert ist, während das Atom als solches mehr oder weniger leer ist, da zwischen Atomkern und Elektronen ein im Verhältnis zur Ausdehnung des Kerns enormer Abstand liegt.

Elektronen und Protonen galten fortan als die Elementarteilchen, aus denen die Atome zusammengesetzt sind. Rutherford selbst war jedoch einer der ersten, die sich von dieser Vorstellung lösten. Er gelangte zu der Überzeugung, daß der Atomkern weitere, elektrisch neutrale Teilchen enthält, die er als „Neutronen" bezeichnete. Die Richtigkeit seiner Auffassung bewies im Jahre 1932 einer seiner Mitarbeiter am Caventish Institut in Cambridge, der berühmte Physiker James Chadwick. Vorerst begnügte man sich jedoch mit der Annahme nur zweier Elementarteilchen, der Protonen und der Elektronen.

Das Elektron ist das erste Elementarteilchen, das die Physik entdeckte. Im Rahmen der klassischen Physik wird dieses Teilchen als ein Kügelchen dargestellt, dessen Masse $0{,}91 \cdot 10^{-27}$ g und dessen

Durchmesser ca. $10^{-16}$ cm beträgt. Es scheint strukturlos zu sein und trägt eine negative elektrische Ladung von $1,6 \cdot 10^{-19}$ Coulomb. Diese Ladung wird als Elementarladung bezeichnet, da in der freien Natur bislang keine kleinere Ladung entdeckt wurde. Der Drehimpuls (Spin) des Elektrons beträgt 1/2. Das Elektron gehört überdies der Familie der Leptonen an und wird mit $e^-$ symbolisiert. Elektronen existieren sowohl frei als auch gebunden, d. h. als Bestandteile von Atomen. Ihre weiteren Kenndaten lauten:

Ruheenergie $m_e$:          0,511 MeV

magnetisches Moment $\mu_e$:    $9,2848 \cdot 10^{-24}$ Am²

Compton-Wellenlänge $\lambda_e$:    $2,4263 \cdot 10^{-12}$ m

Protonen stellen die Gegenspieler von Elektronen dar. Sie weisen die gleiche elektrische Ladung wie diese, doch mit umgekehrtem Vorzeichen auf, so daß sich die elektrischen Ladungen der Protonen und der Elektronen gegenseitig aufheben. Das Gewicht der Protonen übertrifft jedoch das der Elektronen bei weitem. Protonen weisen eine Masse von $1,6726 \cdot 10^{-24}$ g bzw. ca. 930 MeV auf, sind also beinahe 2000mal schwerer als Elektronen. Auch ihr Durchmesser übertrifft den der Elektronen. Er beträgt etwa $0,8 \cdot 10^{-15}$ cm. Protonen werden auch als H-Teilchen bezeichnet, da sie den Atomkern von Wasserstoffatomen (H-Atomen) repräsentieren. Im Gegensatz zu den Elektronen weisen sie jedoch eine innere Struktur auf. Sie bestehen lediglich aus drei Quarks (vgl. Kap. 5).

**Tabelle 1: Größenordnung von Atomen im Vergleich zu einigen bekannten Strukturen.**

| Struktur | Abmessung (cm) | Rel. Größenordnung |
|---|---|---|
| Mensch | ca. $2 \cdot 10^2$ | 0 |
| Bakterie | $10^{-4}$ | $10^{-6}$ |
| Zuckermolekül | $10^{-7}$ | $10^{-9}$ |
| Atom | $10^{-8}$ | $10^{-10}$ |
| Atomkern | $10^{-12}$ | $10^{-14}$ |
| Proton | $10^{-15}$ | $10^{-17}$ |
| Elektron | $10^{-16}$ | $10^{-18}$ |

Neutronen weisen den gleichen Durchmesser wie Protonen auf, sind jedoch elektrisch neutral und etwas schwerer als Protonen. Ihre Masse beträgt $1{,}6750 \cdot 10^{-24}$ g. Protonen sind also um etwa 0,1 % leichter als Neutronen. Neutronen sind überdies instabil, da sie außerhalb von Atomkernen nach durchschnittlich 15 Minuten zerfallen.

Die vor der Entdeckung der Neutronen zu Beginn der dreißiger Jahre herrschenden Vorstellungen sind von den heutigen Einsichten in den atomaren Aufbau der Atome weit entfernt. Dennoch konnten sowohl die zeitgenössische Physik als auch die zeitgenössische Chemie auf ihrer Grundlage bedeutende Fortschritte erzielen. An erster Stelle ist z.B. die Konzeption des Periodensystems der chemischen Elemente zu nennen, das ein tieferes Eindringen in die Geheimnisse der Natur ermöglichte.

Die Ursprünge des Periodensystems der chemischen Elemente reichen bis in die Mitte des 19. Jahrhunderts zurück, als L. Mayer (1830 - 1895) und D. Mendelejew (1834 - 1907) unabhängig voneinander seine Fundamente legten. Dabei stützten sie sich auf die seinerzeit bekannten 60 chemischen Elemente. Sie ordneten sie nach der sogenannten Ordnungszahl, die der Anzahl der Protonen des jeweiligen Atomkerns entspricht. Dabei erwies sich von Anfang an, daß bestimmte chemische und physikalische Eigenschaften der Elemente periodisch wiederkehren (daher die Bezeichnung des Systems). Diese Zusammenhänge werden jedoch erst deutlich, wenn man die Elemente nicht in einer Reihe, sondern der Ähnlichkeit ihrer chemischen Eigenschaften entsprechend in mehreren Teilreihen bzw. Spalten untereinander anordnet (vgl. Tabelle A1). Die horizontalen Reihen dieses Systems bezeichnet man als Perioden. Die erste besteht aus nur zwei Elementen, dem Wasserstoff (H) und dem Helium (He) und stellt die kleinste Periode dar. Es folgt eine ihrerseits kleine Periode von acht Elementen, die mit dem Lithium (Li) beginnt und mit dem Neon (Ne) endet. Auch die folgende Periode enthält nicht mehr als acht Elemente. Sie beginnt mit dem Natrium (Na) und endet mit dem Argon (Ar). Die anschließende Periode enthält 18 Elemente. Sie beginnt mit dem Kalium (K) und endet mit dem Krypton (Kr). Auch die folgende Periode enthält 18 Elemente. Sie beginnt mit dem Rubidium (Rb) und endet mit dem Xenon (Xe). Die anschließende Periode enthält 32 Elemente. Sie beginnt mit dem Caesium (Cs) und endet mit dem Radon (Rn). Die folgende - unvollständige - Periode enthält die schwereren chemischen Elemente. Sie beginnt mit dem Francium (Fr). Es schließen sich die Lanthaniden- (La-) und die Actiniden- (Ac-)Reihe an. Beide enthalten je 15 Elemente. Die erste beginnt mit dem Lanthan (La) und endet mit dem Lutherium (Lu), die zweite beginnt mit dem Actinium (Ac) und endet mit dem Laurentium (Lr).

Die senkrecht untereinanderstehenden chemischen Elemente stellen die Familien bzw. die Gruppen des Periodensystems dar. Die zu einer Gruppe gehörenden Elemente weisen starke Ähnlichkeiten ihrer chemischen und physikalischen Eigenschaften auf. Das System umfaßt acht solcher Gruppen, die mit römischen Ziffern von I bis VIII bezeichnet werden. Alle diese Gruppen sind in Haupt- und Nebengruppen gespalten, so daß sich ihre Gesamtzahl auf 16 beläuft (Hauptgruppen Ia - VIIIa, Nebengruppen Ib - VIIIb).

Die in der Hauptgruppe Ia enthaltenen Elemente sind Alkalimetalle, welche die folgenden gemeinsamen Eigenschaften aufweisen: Geringe Dichte, Weichheit, niedriger Schmelzpunkt, gute Leitfähigkeit für Elektrizität und Wärme. Einwertigkeit und große Verwandtschaft zu anderen chemischen Elementen.

Die Hauptgruppe II a enthält die Erdalkalimetalle, die in den folgenden Eigenschaften übereinstimmen: Geringe Dichte, Weichheit, gute Leitfähigkeit für Elektrizität und Wärme, Zweiwertigkeit und große Verwandtschaft zu anderen chemischen Elementen.

Die Hauptgruppe IIIa enthält die Erdmetalle, die erdige und schwer lösliche Oxide bilden. Sie sind dreiwertig und zeigen überdies große Affinität zum Sauerstoff.

Die Hauptgruppe IVa repräsentiert die Kohlenstoffe. Diese Elemente weisen eigentlich kaum Familienähnlichkeiten auf. Die Gruppe beginnt mit dem Kohlenstoff (C) und endet mit dem Blei (Pb). Der Metallcharakter dieser Gruppe nimmt mithin von oben nach unten zu.

Die Hauptgruppe Va enthält die nichtmetallischen Säurenbildner. Diese Elemente sind gegenüber dem Wasserstoff dreiwertig, gegenüber dem Sauerstoff fünfwertig.

Auch die Hauptgruppe VIa enthält Nichtmetalle. Die hergehörigen Elemente sind gegenüber dem Wasserstoff zweiwertig, gegenüber dem Sauerstoff maximal sechswertig.

Die Hauptgruppe VIIa enthält die sogenannten Halogene. In dieser Gruppe findet man erneut ausgeprägte Familienähnlichkeiten. Die Elemente dieser Gruppe sind starke Säurenbildner.

Die Hauptgruppe VIIIa schließlich enthält die bekannten Edelgase. Auch diese zeigen Familienähnlichkeiten. Da sie keine chemischen Verbindungen mit anderen Elementen eingehen, werden sie als nullwertig bezeichnet.

Die Nebengruppen Ib - VIIIb enthalten ausschließlich Metalle, die als Übergangselemente bezeichnet werden.

Betrachten wir nun die Tabelle A2. Diese Tabelle zeigt alle chemischen Elemente in alphabetischer Anordnung von Wasserstoff bis Hahnium. Außer dem chemischen Zeichen, das jedes dieser Elemente charakterisiert, ist die Ordnungszahl sowie das Atomgewicht angegeben. Letzteres gibt an, um wievielmal das betreffende Element schwerer als ein Sechzehntel des Atomgewichts des Sauerstoffatoms ist. So hat das Atomgewicht des Sauerstoffs den Wert 16 (genauer 15,9994), das des Wasserstoffatoms den Wert 1,00797, das des Kupferatoms den Wert 63,54 , das des Natriumatoms den Wert 22,9898 usw. Das Atomgewicht des Hahniums schließlich weist den Wert 260 auf.

Die Ordnungszahl der Elemente gibt die Anzahl der Protonen an, die der Kern des betreffenden Atoms enthält. Solange das Atom elektrisch neutral ist, bewegen sich um seinen Kern ebensoviel Elektronen, wie sein Kern Protonen enthält. Die Ordnungszahl des Wasserstoffs ist 1, die des Heliums 2, die des Kupfers 29, die des Poloniums 84, die des Hahniums 105. Je größer die Ordnungszahl eines Elements ist, desto größer ist naturgemäß sein Atomgewicht.

Mit Hilfe des chemischen Zeichens, der Ordnungszahl und des Atomgewichts (abgerundet entspricht es der Massenzahl, d.h. der Anzahl der Nukleonen) kann jedes chemische Element durch ein Kürzel der Art $^4_2\text{He}$, $^9_4\text{Be}$, $^7_3\text{Li}$ usw. dargestellt werden. Darin steht He für Helium, Be für Beryllium und Li für Lithium. Die oberen Zahlen geben die Anzahl der Nukleonen, die unteren die Anzahl der Elektronen bzw. die Anzahl der Protonen des jeweiligen Atoms an. Die Bezeichnung $^4_2\text{He}$ bedeutet somit, daß das Heliumatom aus zwei Elektronen sowie aus 4 - 2 = 2 Protonen und 4 - 2 = 2 Neutronen besteht. Entsprechend besteht das Berylliumatom aus vier Elektronen, vier Protonen und 9 - 4 = 5 Neutronen, das Lithiumatom aus drei Elektronen, drei Protonen und 7 - 3 = 4 Neutronen. Neben der angeführten Kurzbezeichnung ist eine zweite Bezeichnung in Gebrauch, die den Namen des betreffenden Elements mit seiner Massenzahl verbindet (z. B. Helium-4, Beryllium-9, Lithium-7 usw.).

Die tieferen Zusammenhänge des Periodensystems sind eigentlich erst durch die Konzeption der Quantentheorie verständlich geworden. Dies gilt vor allem für die Verteilung der Elektronen auf die verschiedenen Bahnen um die Atomkerne. Auf diesen Punkt werden wir jedoch im dritten Kapitel ausführlicher zu sprechen kommen.

Wußte man zu Beginn des 20. Jahrhunderts über das Periodensystem der chemischen Elemente einigermaßen Bescheid, so blieben der Aufbau und die Bestandteile der Atomkerne weiterhin im Dunkeln. Andererseits waren zahlreiche physikalische Erscheinungen bekannt, welche die klassische Physik nicht befriedigend zu deuten wußte. Hierher gehörten vorab die Problematik des Äthers, die Addition der Geschwindigkeiten in Zusammenhang mit der Lichtgeschwindigkeit, die Problematik der absoluten Zeit und anderes mehr. Auch über das Wesen und die Entstehung der Strahlung herrschten allenfalls verworrene Vorstellungen, obgleich die elektromagnetischen Erscheinungen längst bekannt waren und Max Planck (1858 - 1947) gegen Ende des Jahres 1899 das Gesetz der Strahlung des Schwarzen Körpers formulieren konnte.

Der Begriff der Strahlung wurde ursprünglich allein in Verbindung mit dem Licht verwendet, das seinerzeit die einzig bekannte Strahlungsart darstellte. Sieht man von vereinzelten Versuchen René Descartes' und des holländischen Physikers W. Snell ab, so war Isaac Newton (1643 - 1727) der erste, der das Wesen des Lichtes zu enthüllen suchte. In einem zu seiner Zeit berühmten Versuch ließ er im Jahre 1666 ein Bündel weißer Lichtstrahlen durch ein Glasprisma fallen, wodurch die Farben des Regenbogens in der Reihenfolge rot, orange, gelb, grün, blau und violett erschienen. Leitete man diese Spektralfarben anschließend durch ein weiteres Glasprisma, so ließen sie sich nicht weiter zerlegen. Es handelt sich also um die Grundfarben, aus denen das weiße Licht zusammengesetzt ist. Auf diese Weise konnte zumindest eines der Geheimnisse des Lichtes gelüftet werden. Sein eigentliches Wesen blieb jedoch weiterhin verborgen. Newton selbst hielt es für wahrscheinlich, daß das Licht aus kleinen Teilchen besteht, und kam damit intuitiv der Korpuskulartheorie des Lichtes nahe. Diese Annahme bedeutete zu seiner Zeit einen enormen Fortschritt, da sie eine Erklärung dafür bot, warum sich das Licht geradlinig fortpflanzt und zugleich scharf umrissene Schatten wirft. Auch die Reflexion des Lichtes durch einen Spiegel konnte auf diese Weise gedeutet werden, indem man sie als ein Abprallen der Lichtteilchen von der Oberfläche des reflektierenden Gegenstandes verstand. Das Phänomen der Brechung wurde wiederum durch die Annahme erklärt, daß die Lichtteilchen sich in den unterschiedlichen Medien mit unterschiedlichen Geschwindigkeiten ausbreiten. Andere Phänomene, wie etwa das der Interferenz, fanden im Rahmen dieser Theorie keine befriedigende Deutung, so daß sich von Anfang an die Frage nach einer alternativen Erklärung stellte.

Nur kurze Zeit später, nämlich im Jahre 1678, stellte der holländische Physiker Christian Huygens die Frage, ob das Licht nicht vielmehr Wellencharakter habe. Dabei ging er von der Annahme winziger Wellen aus, die je nach der Farbe unterschiedliche Wellenlängen aufweisen. Eben diese Unterschiede der Wellenlänge sind der Grund, warum das Auge verschiedene Farbtöne wahrnimmt.

Auch die Wellentheorie konnte etliche Eigenschaften des Lichtes erklären, z. B. das Phänomen, daß zwei Lichtstrahlen einander kreuzen, ohne sich zu stören. Dennoch erhoben sich frühzeitig Zweifel an der Richtigkeit dieser Theorie, da man auf Phänomene verweisen konnte, die mit dem Wellencharakter des Lichtes unvereinbar waren. So blieb beispielsweise unerklärlich, warum das Licht Hindernisse nicht in gleicher Weise umgehen kann, wie es Wasser- oder Schallwellen tun. Das größte Problem aber stellte die Ausbreitung des Lichtes im leeren Raum dar. Wie können Wellen im leeren Raum existieren, wo doch bekannt war, daß sie allein durch Schwingungen eines Mediums entstehen? Eben hier griff die Physik auf die antike Vorstellung des durch ein feines Medium, den sogenannten Äther, erfüllten Raumes zurück, dem noch die elektromagnetischen Wellen ihre Bezeichnung als Ätherwellen verdanken.

In der Zeitspanne zwischen dem Wirken Newtons und dem Ende des 18. Jahrhunderts blieben die Ansichten über den eigentlichen Charakter des Lichtes geteilt. Stützte sich die Korpuskeltheorie auf die Autorität Newtons, so verstummte die Wellentheorie daneben nicht, da sich bestimmte Phänomene allein mit ihrer Hilfe erklären ließen. Zu diesen zählt wie erwähnt das Phänomen der Interferenz von Lichtstrahlen, das Fresnel um 1800 durch seine berühmten Experimente zu bestätigen vermochte. Er betrachtete daher das Licht als elastische Schwingungen des „Licht-" bzw. „Weltäthers". Fresnel konnte überdies zeigen, daß das Licht imstande ist, kleinere Hindernisse zu umfließen, was die Annahme seiner Wellennatur zu erhärten schien. Diese und ähnliche Experimente, die durch eine mathematische Analyse unterstützt wurden, trugen dazu bei, daß sich die

Waagschale mehr und mehr zugunsten der Wellentheorie zu neigen begann. Bald wurden gar Experimente erdacht und Geräte entwickelt, die nicht allein den Wellencharakter des Lichtes zu bestätigen, sondern auch konkrete Messungen seiner Wellenlänge erlaubten.

Ungeachtet der andauernden Auseinandersetzungen um das eigentliche Wesen des Lichtes konnten weitere seiner Geheimnisse gelüftet werden. So wurde etwa seine konstante Ausbreitungsgeschwindigkeit und sein Charakter als elektromagnetische Erscheinung festgestellt.

Daß sich das Licht mit großer Geschwindigkeit ausbreitet, war bereits der Antike bekannt. Der Gedanke aber, daß seine Ausbreitungsgeschwindigkeit nicht unendlich groß sein kann, kam erst weitaus später auf. Der erste, der den Versuch unternahm, die Ausbreitungsgeschwindigkeit des Lichtes zu messen, war Galileo Galilei (1564 - 1642). Dabei war er auf primitive Meßanordnungen angewiesen, die in heutiger Sicht zwangsläufig zu einem Mißerfolg führen mußten.

Die ersten verwertbaren Ergebnisse lieferte der dänische Astronom Olaf Römer im Jahre 1676, der einen Wert von $2,14 \cdot 10^8$ m/s feststellte. Zu dieser Erkenntnis kam er aufgrund der Beobachtung der Verfinsterungen der Jupitermonde. Zu seiner Zeit wußte man bereits, daß die Jupitermonde von Zeit zu Zeit durch den Schatten ihres Mutterplaneten verdeckt werden, und man war auch imstande, die Zeit dieser Verfinsterungen genau zu berechnen. Römer stellte jedoch fest, daß die berechneten Zeiten nicht immer mit der Praxis übereinstimmten. Die Beobachtung ergab nämlich längere Zeiten, wenn der Jupiter weiter von der Erde entfernt war, und kürzere Zeiten, wenn er sich in ihrer Nähe befand. Die experimentell gewonnene Erkenntnis erklärte man durch die Annahme, daß das Licht eine konkrete Ausbreitungsgeschwindigkeit aufweist.

Etwa 50 Jahre später (1728) entdeckte der englische Astronom James Bradley das Phänomen der Aberration, das dafür verantwortlich ist, daß die Eigenbewegung der Erde um die Sonne eine scheinbare Lageveränderung der Sterne bewirkt. Dieses Phänomen nutzte er zu einer erneuten Messung der Lichtgeschwindigkeit, die einen Wert von $2,83245 \cdot 10^8$ m/s ergab. Dieser Wert kommt der Tatsache weitaus näher als der von Römer gemessene Wert. Eine noch größere Genauigkeit vermochte später Fizeau zu erzielen, der durch jahrelange Messungen einen Wert von $2,97729 \cdot 10^8$ m/s ermittelte, der nurmehr geringfügig von dem heutzutage anerkannten Wert von $2,9979246 \cdot 10^8$ m/s abweicht.

Einer Revolutionierung der Physik kamen die Forschungsergebnisse des englischen Physikers James Clark Maxwell (1831 - 1879) gleich. Postulierte die herrschende Theorie der Elektrodynamik, die auf Biot, Savat und Weber zurückging, daß die bereits beobachteten Kraftwirkungen zwischen zwei elektrischen Ladungen bzw. Strömen oder zwei Magneten den dazwischenliegenden Raum mit unendlicher Geschwindigkeit überbrücken, ohne ihn dabei zu verändern, so vertrat Faraday die Auffassung, daß gerade der Zwischenraum für die Kraftwirkungen verantwortlich sei. Auf diese Gedanken Faradays, der im übrigen kein Theoretiker war, gründete Maxwell anschließend seine Theorie der elektromagnetischen Wellen. In seinem Buch unter dem Titel „A Treatise on Electricity and Magnetism", das im Jahre 1873 erschien, faßte er alle bis dahin experimentell gesicherten Gesetze der Elektrizität und des Magnetismus zusammen und entwickelte auf dieser Grundlage seine eigenen genialen Hypothesen zu einer geschlossenen Theorie der elektromagnetischen Wellen. Die vier Gleichungen, die seiner Theorie zugrundeliegen, beschreiben nicht allein die Wechselbeziehungen zwischen Elektrizität und Magnetismus, sondern zeigen insbesondere den untrennbaren Zusammenhang beider Erscheinungen auf. Wo ein elektrisches Feld besteht, muß zwangsläufig ein magnetisches Feld existieren, das senkrecht zu diesem steht, und umgekehrt. Die Annahme, daß im Äther Ströme „fließen", die Maxwell „Verschiebungsströme" nannte, erlaubte überdies die Erklärung der Wellenausbreitung im leeren

Raum und zwar mit einer der Lichtgeschwindigkeit entsprechenden Geschwindigkeit. Dies aber nährte den Verdacht, daß auch das Licht eine elektromagnetische Erscheinung sein müsse. Über die genannten „Verschiebungsströme" äußerte sich Maxwell folgendermaßen:

*„Es gehört zu den Hauptaufgaben dieses Buches, nachzuweisen, daß der wirkliche elektrische Strom, wie er sich in den elektromagnetischen Phänomenen manifestiert, nicht der geleitete Strom ist, sondern daß man, um die totale, zu einer bestimmten Zeit an einer bestimmten Stelle in Bewegung befindliche Elektrizität zu erhalten, zum Konduktionsstrom noch den durch die zeitliche Variation der elektrischen Verschiebung herrührenden Strom zu addieren hat."*

Außer den bekannten elektrischen Strömen, die innerhalb von Leitern fließen, muß es also Ströme geben, die sich in Form von Verschiebungen in Nichtleitern bewegen. Vorstellungen dieser Art riefen unter den zeitgenössischen Physikern eine nicht geringe Verwirrung hervor.

Heute, mehr als ein Jahrhundert nach den großartigen theoretischen Leistungen des englischen Gelehrten, stellt man sich die betreffenden Vorgänge im leeren Raum folgendermaßen vor:

Felder stellen generell Energiezustände dar. Auch das elektrische Feld stellt daher einen speziellen Energiezustand des Raumes dar. Sobald elektrische Felder entstehen, enthält der Raum elektrische Feldenergie, die um so größer ist, je stärker das entsprechende Feld ist. Die Feldenergie ist über den felderfüllten Raum gleichmäßig verteilt. Entsprechende Überlegungen gelten für das magnetische Feld. Wo ein magnetisches Feld besteht, enthält der Raum die entsprechende Feldenergie, die um so größer ist, je stärker das entsprechende magnetische Feld ist.

Elektromagnetische Wellen sind also Energieträger und können daher dazu genutzt werden, Energie drahtlos über große oder kleine Entfernungen zu übertragen. Als Energieträger fungiert der sogenannte Poynting'sche Vektor, der senkrecht zum elektrischen wie zum magnetischen Vektor steht.

Wie entstehen aber die elektromagnetischen Wellen und wie funktioniert ihr Ausbreitungsmechanismus?

Der Ursprung dieser Wellen ist in der Beschleunigung elektrischer Ladungen zu suchen. Kommen derartige Beschleunigungen zustande, so entsteht ein zeitlich verändertes elektrisches Feld, das eine bestimmte Feldenergie enthält. Diese Energieform hat allerdings eine ausgeprägte Zerfallstendenz. Nur in Ausnahmefällen ist sie beständig und kann über längere Zeit mehr oder weniger unverändert gespeichert bleiben. Einen derartigen Fall repräsentiert beispielsweise die in einem Kondensator gespeicherte elektrische Energie.

Wie die elektrische, so zeigt auch die magnetische Feldenergie Zerfallstendenzen und kann ihrerseits nur in seltenen Fällen über längere Zeit aufrecht erhalten werden. Eine derartige Ausnahme stellt beispielsweise das magnetische Feld dar, das um einen Leiter entsteht, der von Gleichstrom durchflossen wird.

Sobald aber elektrische oder magnetische Energie zerfällt, kann sie aufgrund des Energieerhaltungssatzes nicht verloren gehen, sondern muß sich in eine andere Energieform verwandeln. Vollzieht sich

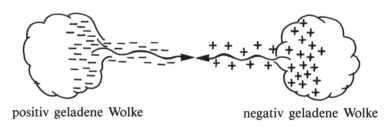

positiv geladene Wolke             negativ geladene Wolke

**Bild 5: Entstehung eines Wolke-Wolke-Blitzes.**

der betreffende Prozeß in der Nähe von Materie, so kann der Zerfall der Felder zu elektrischen Strömen führen. Dabei entstehen innerhalb von Leitern gewöhnliche Ströme, innerhalb von Nichtleitern Verschiebungsströme. In beiden Fällen entsteht eine Bewegung elektrischer Ladungen in der Materie. Sie hat Reibungen zur Folge, die Verluste und somit Erwärmung verursachen. Das führt dazu, daß die zuvor vorhandene Feldenergie lediglich in Wärme umgewandelt wird. Im übrigen aber pendelt die Feldenergie beständig zwischen magnetischer und elektrischer Energie. Insbesondere im leeren Raum, wo keine Verluste existieren und daher keine Energie in Form von Wärme verloren gehen kann, findet beim Energiezerfall allein ein Übergang von elektrischer Feldenergie in magnetische und umgekehrt statt, der die Ausbreitung der elektromagnetischen Wellen ermöglicht.

Die ersten von menschlicher Hand erzeugten elektromagnetischen Wellen gehören der grauen Vorzeit an. Sie entstanden rund 40000 Jahre vor Christi Geburt, als unsere Vorfahren, die Höhlenmenschen, das Feuer erfanden, das eigentlich Biomasse in elektromagnetische Strahlung umwandelt. Dabei ging es um Strahlung, die zum Zweck der Beleuchtung, der Nahrungszubereitung und der Wärme-

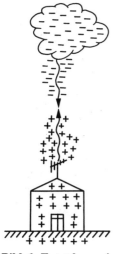

zufuhr genutzt wurde. Diese Strahlung weist eine relativ hohe Frequenz auf. Erheblich tiefere Frequenzen wurden erst erzielt, als der geniale deutsche Physiker Heinrich Hertz (1857 - 1894) elektromagnetische Wellen mit Hilfe technischer Einrichtungen zu erzeugen vermochte. Dabei unternahm Hertz nichts anderes, als was die Natur während eines Gewitters tut, nämlich die Beschleunigung elektrischer Ladungen (speziell von Elektronen) mit Hilfe einer geeigneten elektrischen Spannung. Eine solche Spannung kann beispielsweise zwischen zwei Wolken (vgl. Bild 5) oder zwischen einer Wolke und der Erde (vgl. Bild 6) entstehen, wenn die betreffenden Wolken statisch aufgeladen sind. So kann es z. B. vorkommen, daß eine Wolke, elektrisch positiv, eine andere elektrisch negativ geladen ist, wobei Werte von mehreren Millionen Volt auftreten können.

**Bild 6: Entstehung eines Wolke-Erde-Blitzes.**

Nähern sich zwei solche Wolken auf eine Entfernung von einigen 10 m, so entsteht ein Wolke-Wolke-Blitz, bei dem Ströme bis zu 200 000 Ampère fließen können. Auf diese Weise entsteht eine elektromagnetische Strahlung, die allerdings ein breites Frequenzspektrum aufweist. Optisch wird dieser Vorgang durch das bekannte Blitzlicht wahrnehmbar. Der begleitende Donner hat allein akustischen Charakter.

Wolke-Wolke-Blitze sind, mit Ausnahme der Gefährdung der Luftfahrt, für das Geschehen auf der Erde ohne Belang. Wolke-Erde-Blitze können dagegen katastrophale Folgen haben, da dabei enorme elektrische Energiemengen zur Erde führen.

**Bild 7: Beispiel eines Erde-Wolke-Blitzes.**

Als Heinrich Hertz daran ging, die Existenz der elektromagnetischen Wellen experimentell nachzuweisen, mußte er diese Wellen einerseits künstlich erzeugen, andererseits mit Hilfe einer dafür geeigneten Anordnung aufspüren oder - mit dem heute gebräuchlichen terminus technicus - empfangen. Zur Erzeugung der Wellen benutzte er eben das Verfahren, das die Natur zur Erzeugung von Blitzen anwendet. Die erforderliche technische Einrichtung zeigt Bild 8. Dabei wird mit Hilfe eines Spannungsgenerators eine relativ hohe elektrische Spannung erzeugt, damit die Luftstrecke zwischen zwei Metallkugeln A und B überwunden werden kann. Dies geschieht, indem zwischen den Kugeln ein kleiner Blitz entsteht. Dadurch werden nämlich Elektronen beschleunigt, was zur Erzeugung von elektromagnetischen Wellen eines breiten Frequenzspektrums führt. Die Selektion einer

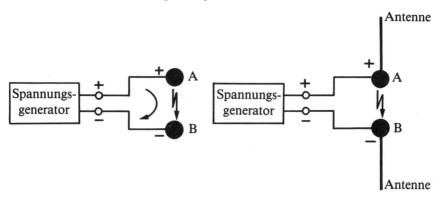

**Bild 8:** Die Entstehung von elektromagnetischen Wellen durch einen künstlich erzeugten „Blitz" (Funken).

bestimmten Frequenz konnte Hertz mit einer Vorrichtung vornehmen, die wir heute als „Antenne" bezeichnen. Sie bestand aus zwei geraden Metallstäben, die unmittelbar mit zwei Metallkugeln verbunden waren (vgl. Bild 8 rechts). Der Selektionsvorgang soll an dieser Stelle nicht näher besprochen werden, da dazu eingehende technische Erläuterungen erforderlich wären. Es genügt lediglich der Hinweis, daß sich entlang einer solchen Vorrichtung, wenn ihre mechanische Länge im Vergleich zur Wellenlänge hinreichend groß ist, Ströme entfalten.

Die moderne Funktechnik verwendet anstelle der beschriebenen Funkenstrecke leistungsstarke Sender, welche ebenso leistungsstarke

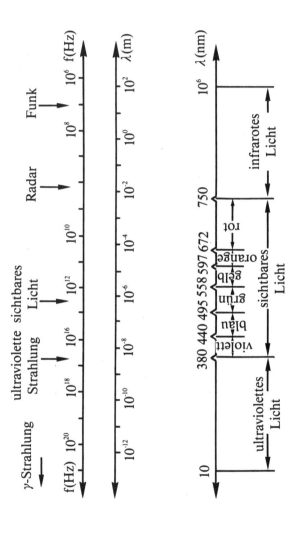

**Bild 9: Gesamtübersicht des elektromagnetischen Spektrums.**

38

Antennen mit Wechselströmen versorgen. Diese bewirken wiederum eine entsprechende Beschleunigung von Elektronen, welche die Antenne befähigt, elektromagnetische Wellen auszustrahlen.

Betrachtet man die elektromagnetischen Wellen ohne Rücksicht auf ihre natürliche oder künstliche Herkunft, so stellt man fest, daß sie ein enormes Frequenzspektrum aufweisen, das sich über mehr als 90 Oktaven erstreckt (vgl. Tabelle 2). Dabei versteht man unter einer Oktave den Bereich zwischen zwei Frequenzen mit dem Verhältnis 1 : 2, z. B. 10 : 20 oder 100 : 200 Hz usw. Das sichtbare Licht belegt

Tabelle 2: Das elektromagnetische Spektrum, in Oktaven geteilt.

| Bezeichnung | Oktaven |
|---|---|
| Unterschall- und Niederfrequenztechnik | 4 |
| Audiotechnik | 9 |
| Hoch- und Höchstfrequenztechnik | 28 |
| Infrarotstrahlung | 9 |
| Sichtbares Licht | 1 |
| Ultraviolettstrahlung | 7 |
| Röntgen-Strahlung | 20 |
| $\gamma$-Strahlung | 11 |
| Kosmische Strahlung | 9 |
| Summe | 98 |

eine Bandbreite von nur einer Oktave, die die Farben rot, orange, gelb, grün, blau und violett mit Wellenlängen zwischen etwa 400 und 750 nm bzw. Frequenzen zwischen $7,5 \cdot 10^{14}$ Hz und $4 \cdot 10^{14}$ Hz (vgl. Tabelle 3) repräsentiert. Bild 9 zeigt eine Gesamtübersicht des elektromagnetischen Spektrums.

Aufgrund der theoretischen Arbeiten Maxwells und ihrer experimentellen Bestätigung durch Hertz fand gegen Ende des 19. Jahrhunderts eine Anzahl optischer Erscheinungen ihre eindeutige Erklärung. Zugleich konnte angenommen werden, daß Strahlen mit tieferen Frequenzen den gleichen Gesetzen folgen. Dennoch sollte es nicht lange dauern, bis neue physikalische Beobachtungen die kaum gewonnene Zuversicht in Frage stellten. Konkret ging es um die Wärmestrahlung erhitzter Körper, die nach Maxwells Theorie eine dem Licht vergleichbare elektromagnetische Strahlung niederer

**Tabelle 3: Farben, Frequenzen und Wellenlängen des sichtbaren Lichtes.**

| Farbe | Frequenz (x $10^{14}$ Hz) | Wellenlänge (nm) |
|---|---|---|
| Violett | 7,50 - 7,15 | 400 - 420 |
| Blau | 7,15 - 6,10 | 420 - 490 |
| Grün | 6,10 - 5,20 | 490 - 575 |
| Gelb | 5,20 - 5,10 | 575 - 585 |
| Orange | 5,10 - 4,60 | 585 - 650 |
| Rot | 4,60 - 4,00 | 650 - 750 |

Frequenzen darstellt. Eben hier ergaben sich zwischen Theorie und Praxis unüberbrückbare Diskrepanzen, die erst durch das Planck'sche Strahlungsgesetz beseitigt werden konnten, welches den Weg zur Quantentheorie ebnete.

# 3 Materie und Strahlung aus der Perspektive der Quantentheorie

Die im vorangegangenen Kapitel beschriebenen Vorstellungen der klassischen Physik, die bis um die Jahrhundertwende unbezweifelt gültig blieben, wurden in den zwanziger und dreißiger Jahren durch die Erkenntnisse der Quantentheorie völlig revolutioniert.

Die erste und zugleich entscheidende Wende erfolgte im Dezember 1899 durch eine Publikation von Max Planck über das nach ihm benannte Strahlungsgesetz des Schwarzen Körpers.

Unter einem absolut Schwarzen Körper versteht man einen Körper, der einerseits Licht vollkommen absorbiert, andererseits eine über ein breites Frequenzspektrum gleichmäßig verteilte Strahlung emittiert.

Als Vorarbeiten für das Planck'sche Strahlungsgesetz gelten unter anderem die Forschungen des österreichischen Physikers Josef Stefan, der bereits im Jahre 1879 zeigen konnte, daß die gesamte Strahlung eines Körpers nicht von seiner Beschaffenheit, sondern allein von der vierten Potenz seiner Temperatur abhängt. Eine Verdoppelung der Temperatur bedeutet mithin eine sechszehnfache Erhöhung der Strahlung. Überdies wußte man, daß sich mit zunehmender Temperatur das Maximum der Strahlungsintensität zu den kürzeren Wellenlängen verschiebt. Erhitzt man also ein Stück Eisen, so strahlt es anfangs vor allem im Infrarotbereich, um anschließend dunkelrote, hellrote, gelblichweiße und schließlich bläulichweiße Färbung anzunehmen.

Um die mathematische Erfassung des Phänomens bemühte sich zunächst der Physiker Wilhelm Wien, dessen Theorie die Strahlungsverteilung jedoch allein im Bereich der kürzeren Wellenlängen (Violett-Bereich) mit hinreichender Genauigkeit zu erfassen vermochte. Gleichwohl erhielt er für seine Arbeiten im Jahre 1911 den

Nobelpreis für Physik. Die anschließenden theoretischen Arbeiten von Lord Rayleigh und James Jeans konnten das Problem allein im Bereich der größeren Wellenlängen (Infrarot-Bereich) mit hinlänglicher Genauigkeit beschreiben, so daß auch diese Arbeiten nur einen Teilerfolg bedeuteten. Eine befriedigende Erklärung bot erst das genannte Planck'sche Strahlungsgesetz. Zu seiner Formulierung mußte Planck revolutionierende Annahmen über die Wechselwirkungen zwischen Strahlung und Materie zugrundelegen, die sowohl die Energieemission als auch die Energieabsorption durch die Materie bzw. durch die Atome betreffen. Diese Annahmen lauten folgendermaßen:

- Die Materie bzw. die Atome geben ihre Strahlungsenergie nicht kontinuierlich, sondern portionsweise, d. h. in „Paketen" bestimmter Größe ab. Ebendies gilt auch für die Absorption. Strahlt also ein Körper auf irgendeiner Frequenz, so geschieht der Energiezufluß an die Umgebung nicht in der Art der Strömung eines Flusses, die von der Quelle bis zur Mündung ohne Unterbrechung erfolgt, sondern in der Art der Schüsse eines Maschinengewehrs, das zwar eine bestimmte Salve von Schüssen abgibt, die jedoch aus einzelnen, rasch aufeinanderfolgenden Kugeln besteht. Dabei ist es unwesentlich, ob die betreffende Strahlungsquelle thermischer, elektrischer oder sonstiger Natur ist.

- Die in einer Strahlung enthaltenen Energiequanten (beim Licht spricht man entsprechend von Lichtquanten) weisen nicht die gleiche Energie auf. Ihre Energie hängt vielmehr von der Frequenz ab, wobei die folgende Beziehung besteht:

$$E = h \cdot \nu = h \cdot c / \lambda$$

Darin bedeuten:

E = Energie (Joule)

h = Planck'sche Konstante ($6,6262 \cdot 10^{-34}$ Ws²)

$\lambda$ = Wellenlänge (m)

c = Lichtgeschwindigkeit ($3 \cdot 10^8$ m/s)

- Das Strahlungsmaximum eines Temperaturstrahlers hängt von seiner Temperatur ab und verschiebt sich mit steigender Temperatur in Richtung kürzerer Wellenlängen, wie es Bild 10 veranschaulicht.

Plancks Annahmen wurden wenige Jahre später von Albert Einstein durch weitere Annahmen ergänzt, nach denen nicht allein die Strahlungsabgabe und -aufnahme, sondern auch die Strahlung selbst aus einzelnen Energiequanten besteht, die man später als „Photonen" bezeichnete. Auf diese Weise wurde dem Licht bzw. der elektromagnetischen Strahlung allgemein ein doppelter Welle-/Teilchen-Charakter zugesprochen.

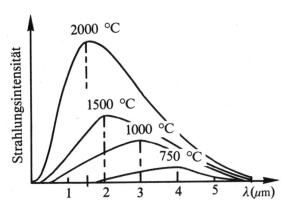

**Bild 10: Das Planck'sche Strahlungsgesetz. Das Strahlungsmaximum eines Temperaturstrahlers verschiebt sich mit steigender Temperatur in Richtung kürzerer Wellenlängen. Genaueres im Text.**

Betrachten wir noch einmal das im voranstehenden Kapitel skizzierte Rutherford'sche Atommodell. Da die Elektronen darin in der Art winziger Planeten um den Atomkern kreisen, müssen sie nach den Gesetzen der Elektrodynamik eigentlich fortwährend elektromagnetische Energie ausstrahlen. Das bedeutet, daß sie ihre eigene Energie in einer Zeit von ca. $10^{-8}$ s. verbrauchen müßten. Materie, wie wir sie heute kennen, gäbe es also nicht, da die Elektronen wie Meteoriten auf die Atomkerne stürzen würden. Die Wirklichkeit sieht offenkundig anders aus. Das Rutherford'sche Atommodell bedurfte demnach dringend einer Modifizierung, die diesem Umstand Rechnung trug. Diese schwierige Aufgabe vermochte der damals 26jährige dänische Physiker Niels Bohr (1885 - 1962) zu lösen, der bei Rutherford in Manchester tätig war. Dazu stellte er intuitiv einige Postulate auf, welche die Elektronen vor dem Absturz auf die Atomkerne bewahrten. Eine theoretische Begründung dieser Postulate vermochte Bohr vorerst nicht zu geben. Er verpaßte also den Elektronen vielmehr ein „Korsett", indem er ihnen die Fähigkeit absprach, sich auf beliebigen Bahnen um den Atomkern zu bewegen und sie nur an gequantelten Bahnen band. Diese Postulate, deren Richtigkeit sich in der Folge erweisen sollte, formulierte er im Jahre 1913 folgendermaßen:

- Die Elektronen bewegen sich so um den Atomkern, daß zwischen ihrer Fliehkraft und ihrer elektrischen Anziehungskraft stets Gleichgewicht herrscht. Dabei sind im Gegensatz zu den beliebigen kreisförmigen Bahnen nach den Gesetzen der Mechanik nur bestimmte, die sogenannten Quantenbahnen erlaubt.

- Auf den genannten Quantenbahnen bewegen sich die Elektronen im Gegensatz zu den Annahmen der klassischen Elektrodynamik ohne Energieverlust durch Strahlung.

- Elektronen können von einer Quantenbahn auf eine andere springen, wobei das betreffende Atom sein Energieniveau ändert. Springt ein Elektron auf eine weiter außen liegende Bahn, so setzt dies eine Energieaufnahme von außen voraus. Das kann beispielsweise geschehen, indem das betreffende Atom ein Lichtquant (Photon) „verschluckt". Springt dagegen ein Elektron auf eine Bahn über, die dem Atomkern näher liegt, so wird Energie frei und als einzelnes „Energiepaket" in Form eines Photons ausgestrahlt (vgl. Bild 11).

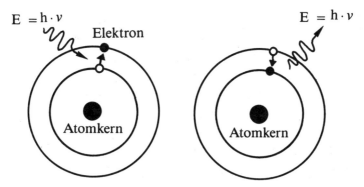

**Bild 11:** Atomvorgänge, bei denen Energie in Form von Strahlung paketweise absorbiert (links) bzw. emittiert wird (rechts).

Die letztgenannte Eigenschaft der Elektronen kann man mit dem Fall eines Coca-Cola-Automaten vergleichen, der allein Geldmünzen aufnehmen und Coca-Cola-Flaschen abgeben kann. In der Sprache der Quantentheorie wäre der Vorgang folgendermaßen zu beschreiben: Leuchtet ein Atom, d. h. strahlt es Energie ab oder nimmt es Energie von außen auf, so geschieht dies paketweise nach der Formel $E = h \cdot v$.

Mit dem Bohr'schen Atommodell schien die Welt der Physik erneut in Ordnung zu sein, da keine Phänomene bekannt waren, die sich mit seiner Hilfe nicht erklären ließen. Dies sollte sich jedoch nach kurzer Zeit ändern, so daß sich erneut die Forderung nach einer Modifizierung des Modells erhob. Den entscheidenden Schritt tat diesmal Arnold Sommerfeld (1868 - 1951). Er ging zunächst von der Überlegung aus, daß die Elektronen, die den Atomkern umkreisen, nicht allein kreisförmige, sondern auch elliptische Bahnen beschreiben können, wobei sich der Atomkern in einem gemeinsamen Brennpunkt befindet. Das Atom nahm demnach die Gestalt eines Sonnensystems an, was sich in der Folge auch als unzutreffend erwies. Dieses neue Atommodell wurde anschließend als das Bohr-Sommerfeld-Modell bekannt, und schien eine befriedigende Erklärung insbesondere der Linienspektren der Atome zu ermöglichen, was sich jedoch ebenfalls als trügerisch erwies. So stellte sich mit der Zeit heraus, daß mit Hilfe dieses Modells lediglich die Linienspektren des Wasserstoffatoms, nicht jedoch die der übrigen Atome erklärbar sind.

Auch dieses Atommodell verlangte also nach Verbesserung. Sie erfolgte durch den österreichischen Physiker Wolfgang Pauli (1900 - 1958), der das berühmte Pauli- bzw. Ausschlußprinzip formulierte. Danach können innerhalb eines Atoms zwei Elektronen niemals in einem Zustand sein, in dem alle den Zustand charakterisierenden Größen identisch sind. Damit führte Pauli eine neue gequantelte Größe ein, die allein zwei Werte, nämlich die Spinorientierung +1/2 bzw. -1/2 annehmen kann, wie sie Bild 12 veranschaulicht. Bahn-

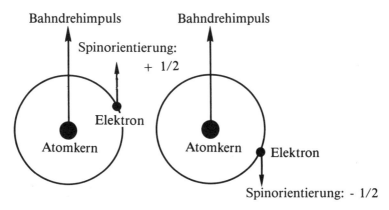

**Bild 12: Bahndrehimpuls und Spinorientierung eines Elektrons können parallel (Bild links: +1/2) oder antiparallel (Bild rechts: -1/2) sein.**

drehimpuls und Spin eines sich um den Atomkern bewegenden Elektrons können also parallel (+1/2) oder antiparallel (-1/2) gerichtet sein. Diese auf den ersten Blick nebensächliche Feststellung hat sich in der Folge als fundamental erwiesen. Das verbesserte Bohr-Sommerfeld-Modell, das seine Gültigkeit bis auf den heutigen Tag bewahrt hat, erlaubt nicht zuletzt die theoretische Begründung der Bohr'schen Postulate. Es scheint auch heute alle beobachteten physikalischen Phänomene zu erklären und entspricht somit dem aktuellen Erkenntnisstand der Physik.

Schauen wir uns nun dieses Atommodell etwas genauer an. Die Verteilung der Elektronen um den Atomkern ist durch insgesamt vier Quantenzahlen so definiert, daß jedes einzelne Elektron seine unverwechselbare Identität bewahrt. Wie ein Haus innerhalb eines Gemeinwesens durch die Angabe von Staat, Stadt, Straße und Hausnummer identifiziert werden kann, verfügt jedes Elektron über eine unveränderliche „Adresse". Die Elektronen umkreisen den Atomkern auf gequantelten Bahnen, die als Hauptschalen charakterisiert sind. Diese Schalen sind mit den Buchstaben K, L, M, N, O, P und Q gekennzeichnet, die den Hauptquantenzahlen von n = 1 bis 7 entsprechen, wie es die nachstehende Tabelle zeigt:

| K | L | M | N | O | P | Q |
|---|---|---|---|---|---|---|
| 1 | 2 | 3 | 4 | 5 | 6 | 7 |

Diese Hauptschalen, die bestimmte Energiezustände $E_1$, $E_2$, $E_3$, usw. repräsentieren, sind in mehrere Unterschalen geteilt, die durch eine Orbitalenverteilung definiert sind. Sie werden durch die Buchstaben s, p, d und f bezeichnet. Diese Bezeichnung ist historisch bedingt und stammt aus den Anfängen der Spektrographie. Die Buchstaben bedeuten:

s = Scharfe Nebenserie

p = Prinzipialserie

d = Diffuse Nebenserie

f = Fundamentalserie

Die nachstehende Tabelle veranschaulicht den Zusammenhang zwischen Hauptschalen, Orbitalverteilung, Orbitalzahl und der Anzahl der Elektronen, die auf jeder Hauptschale aufgenommen werden können.

| Schale | Orbitalverteilung | | | | Orbitalzahl | Elektronenzahl |
|--------|---|---|---|---|-------------|----------------|
|  | s | p | d | f | | |
| K | 1 | - | - | - | 1 | 2 |
| L | 1 | 3 | - | - | 4 | 8 |
| M | 1 | 3 | 5 | - | 9 | 18 |
| N | 1 | 3 | 5 | 7 | 16 | 32 |
| O | 1 | 3 | 5 | 7 | 16 | 32 |
| P | 1 | 3 | 5 | - | 9 | 18 |
| Q | - | - | - | 7 | 7 | 14 |

Die Aufstellung sieht auf den ersten Blick kompliziert aus, ist jedoch einfach zu handhaben und erlaubt den exakten Nachvollzug der Elektronenverteilung um jeden Atomkern.

Die Elektronenschale K enthält eine einzige Orbitale, die s-Orbitale, die nur zwei Elektronen aufnehmen kann, deren Spinwerte antiparallel sind (z.B. + 1/2 und - 1/2). Die Elektronenschale L enthält vier Orbitale, und zwar eine s- und drei p-Orbitale. Da jede dieser Orbitale zwei Elektronen aufnehmen kann, finden in dieser Schale maximal 8 Elektronen Platz. Die Elektronenschale M enthält neun Orbitale, und zwar eine s-, drei p- und fünf d-Orbitale. Sie kann mithin maximal 18 Elektronen aufnehmen. Die Elektronenschalen N und O weisen je 16 Orbitale auf, und zwar eine s-, drei p-, fünf d- und sieben f-Orbitale. Jede dieser Schalen kann also maximal 32 Elektronen aufnehmen. Die Elektronenschale P hat die Gestalt der M-Schale, kann also maximal 18 Elektronen aufnehmen. Die Elektronenschale Q schließlich weist nur sieben Orbitale auf, kann also maximal 14 Elektronen aufnehmen.

Anhand dieser Erläuterungen läßt sich sowohl die Tabelle A3 (siehe Anhang) als auch die Elektronenverteilung jedes Atoms leicht durchschauen. Betrachten wir beispielsweise das Neonatom. Die zehn Elektronen dieses Atoms sind auf die K- und die L-Schale verteilt. Da die K-Schale nur zwei Elektronen aufnehmen kann, befinden sich die restlichen acht Elektronen auf der L-Schale. Die s-Orbitale dieser Schale kann ebenfalls nur zwei Elektronen aufnehmen, so daß sich die restlichen sechs Elektronen auf die drei p-Orbitalen verteilen müssen, die je zwei Elektronen aufnehmen. Das Neonatom hat also die in Bild 13 gezeigte Gestalt. Ähnliche Überlegungen machen die Elektronenverteilung innerhalb des Argonatoms verständlich, die Bild 14 veranschaulicht.

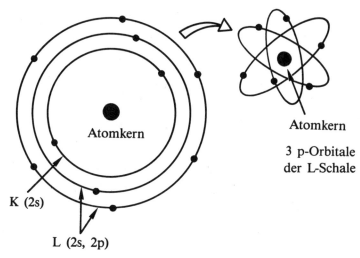

Bild 13: Das Neonatom und seine Elektronenverteilung.

Jeder der Hauptschalen K, L, M usw. weist, wie gesagt, eine bestimmte Energie W auf, die theoretisch einfach zu berechnen ist. Die (einzige) Elektronenschale K des Wasserstoffatoms weist beispielsweise im ungestörten, d.h. nicht angeregten Zustand eine Energie von $W_0 = -13{,}53$ eV auf.

Das Minuszeichen rührt daher, daß die genannte Energie auf die Energie einer Elektronenbahn bezogen ist, die einen unendlichen Durchmesser aufweist. Alle anderen erdenklichen Bahnen weisen daher eine Energie W auf, die zwischen -13,53 und 0 eV liegt. Die Bahn mit der Energie $W_0 = -13{,}53$ eV repräsentiert den Grundzustand des Wasserstoffatoms. Tritt eine Störung - etwa Energiezufuhr in Gestalt eines Photons - auf, so wächst die Energie um

49

einen Betrag E. Die Gesamtenergie beträgt mithin $W_1 = W_0 + E$, was das Elektron zwingt, auf eine höhere Bahn zu springen. Auch diese Umlaufbahn muß jedoch eine gequantelte Bahn repräsentieren. Dabei beträgt die Energiedifferenz der gequantelten Bahnen $\Delta E = W_1 - W_0$. Das betreffende Photon muß also mindestens diese

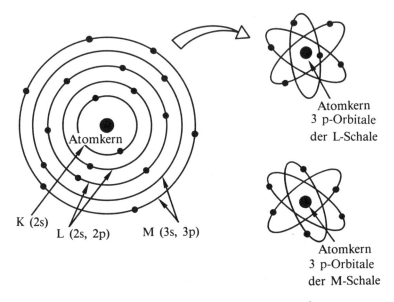

Atomkern
3 p-Orbitale
der L-Schale

Atomkern
3 p-Orbitale
der M-Schale

K (2s)

L (2s, 2p)    M (3s, 3p)

**Bild 14: Das Argonatom und seine Elektronenverteilung.**

Energie aufbringen, damit der genannte Sprung geschafft wird. Es gilt demnach $\Delta E = h \cdot v$. Verfügt das betreffende Photon über eine kleinere Energie, so kann das Elektron den Sprung nicht schaffen. Der Einfachheit halber gehen wir davon aus, daß das Photon genau über die Energie $\Delta E$ verfügt, die erforderlich ist, damit das Elektron auf die nächsthöhere Bahn ($n_2$; vgl. Bild 15) springt. Der Durchmesser des Wasserstoffatoms wird entsprechend größer und das Elektron selbst verfügt über eine größere Energie als zuvor. Dieser Zustand weicht jedoch vom Normalzustand des Atoms ab. Man spricht deswegen von einem erregten Zustand, der nur kurze Zeit an-

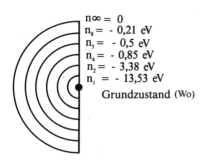

$$n\infty = 0$$
$$n_8 = -0,21 \text{ eV}$$
$$n_5 = -0,5 \text{ eV}$$
$$n_4 = -0,85 \text{ eV}$$
$$n_2 = -3,38 \text{ eV}$$
$$n_1 = -13,53 \text{ eV}$$

Grundzustand (Wo)

**Bild 15: Einige (gequantelte) Bahnen des Wasserstoffatoms und ihre Energieniveaus.**

dauert, da das Elektron auf seine Ruhebahn zurückzukehren sucht, was ihm innerhalb von Bruchteilen einer Mikrosekunde ($t < 10^{-8}$ s) gelingt. Das Ergebnis dieses „Tiefflugs" ist die Emission der überschüssigen Energie $\Delta E = h \cdot \nu$ in Form eines Photons, d.h. es entsteht Strahlung bzw. elektromagnetische Energie.

Die genannte Bahn $n_2$ ist allerdings nicht die einzige, die das Elektron infolge von Energiezufuhr annehmen kann. Sobald die zugeführte Energie höher liegt, kann nämlich das Elektron auf höhere gequantelte Bahnen $n_3$, $n_4$ usw. springen, die entsprechend höhere Energiezustände repräsentieren. Einige von diesen Energiezuständen veranschaulicht Bild 15.

Wir wollen diese Thematik jedoch nicht weiter vertiefen, sondern zu dem Phänomen der Strahlung zurückkehren, die der Physik zu Beginn unseres Jahrhunderts Kopfzerbrechen bereitete, da das Licht bald als Welle, bald als Teilchen erschien. Diese Problematik vermochte Albert Einstein durch die Formulierung seiner Photonentheorie zu beheben, nach der das Licht in Gestalt von „Kügelchen" (Photonen) ausgestrahlt und absorbiert wird. Wenn sich jedoch diese Kügelchen im Freiraum bewegen, erscheinen sie als Wellen, d. h. als elektromagnetische Schwingungen.

Auch Materieteilchen, z. B. Elektronen, sind als derartige Kügelchen anzusehen. Sobald sie jedoch durch einen schmalen Spalt geschickt werden, verhalten sie sich wie Strahlen, d. h. sie zeigen Wellencharakter. Das theoretische Fundament des Welle-/Teilchen-Charakters der Materie liefert die berühmte Schrödinger/Dirac-Gleichung.

Auf der Grundlage der Arbeiten de Broglies ging nämlich Erwin Schrödinger (1887 - 1961) Mitte der zwanziger Jahre daran, eine komplette Theorie des Wesens der Materie zu konzipieren. Da die Atome und ihre Bestandteile dreidimensionale Gebilde darstellen, mußte die mathematische Formulierung dieser Tatsache Rechnung tragen. Tatsächlich beschreibt Schrödingers Gleichung räumliche Schwingungen, d.h. dreidimensionale Wellen, beschränkt sich allerdings auf Teilchen mit relativ kleinen Geschwindigkeiten. Der Versuch, seine Gleichung auch für Geschwindigkeiten im relativistischen Bereich auszudehnen, ist Schrödinger nicht gelungen. Dieses Problem vermochte jedoch wenige Jahre später der englische Physiker Dirac (1902 - 1984) zu lösen. Für ihre Leistungen erhielten beide Physiker im Jahre 1933 gemeinsam den Nobelpreis für Physik.

Der Nachweis der Materiewellen bzw. des Wellencharakters der Materie kam nicht allein für die breite Öffentlichkeit, sondern auch für die zeitgenössische Fachwelt einer Revolution gleich. Wie einst die Vorstellungen des Doppelcharakters des Lichtes bzw. der elektromagnetischen Wellen überhaupt, so stellte diesmal die Vorstellung des Doppelcharakters der Materie eine Zumutung dar, deren Zulässigkeit allein auf experimentellem Weg zu erweisen war. Auf der Suche nach einem hierfür geeigneten Verfahren griff man auf Experimente Max von Laues (1878 - 1960) zurück, die den atomaren Aufbau der Materie mit Hilfe durch Kristalle geschleuster Röntgenstrahlen untersuchten. Was geschieht, fragte man sich, wenn anstelle von Röntgenstrahlen Elektronen benutzt würden? Der Engländer T. Thomson, der Japaner J. Kichuki sowie die beiden Amerikaner C. Davidson und L. Germer, die im Jahre 1927 entsprechende Experimente unternahmen, konnten zeigen, daß sich Elektronenstrahlen ebenso wie Röntgenstrahlen verhalten, was wiederum bedeutete, daß die Materie doch Wellencharakter aufweisen muß. Durch die Änderung der Geschwindigkeit der Elektronen mit Hilfe eines elektrischen Feldes konnte man überdies zeigen, daß sich die zugehörige Wellenlänge in der Weise ändert, wie es de Broglie theoretisch vorausgesagt hatte.

Der Nachweis des Welle-/Teilchen-Charakters des Elektrons, wie ihn de Broglie postuliert und Schrödinger/Dirac theoretisch begründet hatten, führte zu einer grundlegenden Revision der Vorstellungen über das Innere der Atome. Im Zuge dieser Entwicklung nahm das Elektron einen auch für Physiker undefinierbaren Charakter an. Dies gab den Anstoß, daß Werner Heisenberg die prinzipielle Frage stellte, ob es überhaupt sinnvoll sei, im subatomaren Bereich nach konkreten Erkenntnissen zu suchen. Die Konsequenz seiner Überlegungen war die Konzeption eines neuen Atommodells, in dem den Bausteinen der Materie weder Teilchen- noch Wellencharakter zugesprochen wurde. Überdies zog Heisenberg eine Trennlinie zwischen Mikro- und Makrokosmos, zwischen denen es seines Erachtens keine Analogie gibt. Eine weitere Folgerung war der Verzicht auf jede Veranschaulichung der Atomstruktur. Heisenberg belegte nämlich die Umlaufbahnen der Elektronen um den Atomkern vielmehr mit Zahlen, die er in einer Matrixmechanik zusammenfaßte. Nun sollte sich bald herausstellen, daß Heisenberg und Schrödinger auf unterschiedliche Weise das gleiche sagten: Heisenbergs Matrixmechanik stellt nämlich nichts anderes als eine tabellarische Darstellung der Lösungen der Schrödinger'schen Gleichung dar. Aus Heisenbergs Darstellung ergab sich allerdings die berühmte Unschärferelation bzw. Unbestimmtheitsbeziehung, die in der folgenden Gleichung zum Ausdruck kommt:

$$\Delta x \cdot \Delta v \geqq h/m$$

Diese Gleichung besagt, daß das Produkt der Unbestimmtheit des Ortes ($\Delta x$) und der Unbestimmtheit der Geschwindigkeit ($\Delta v$) eines Teilchens stets größer ist als die Planck'sche Konstante h dividiert durch die Masse des betreffenden Teilchens. Die genaue Ortsbestimmung eines Teilchens geht also stets auf Kosten seiner Geschwindigkeitsbestimmung und umgekehrt.

Die Unschärferelation gilt im übrigen nicht nur für Ort und Geschwindigkeit bzw. Impuls, sondern auch für andere physikalische Größen, die als Paare gekoppelt sind. Je genauer die eine dieser Größen bestimmt wird, desto unschärfer wird zwangsläufig die andere. Größen dieser Art werden als komplementäre Größen bezeichnet.

Zu diesen gehören beispielsweise Zeit und Energie oder Winkelgeschwindigkeit und Drehimpuls. Dabei ist das Paar von Zeit und Energie von übergeordneter Bedeutung. Handelt es sich beispielsweise um sehr kurze Zeitintervalle, d. h. um physikalische Prozesse, die sehr schnell ablaufen, so wird die dabei beteiligte Energie unschärfer, so daß sie nicht mehr genau gemessen werden kann. Der Erhaltungssatz der Energie darf mithin kurzfristig verletzt werden. Dieser Zustand dauert zwar nur kurze Zeit, bedeutet jedoch, daß vorübergehend Teilchen erzeugt und wieder vernichtet werden können, für die die erforderliche Energie gar nicht existiert. Mit Hilfe dieses Umstandes konnte nun eine Anzahl von Phänomenen vor allem im subatomaren Bereich gedeutet werden, für die die klassische Physik keine Erklärung wußte.

Wie aber wirkt sich die Unschärferelation in der Praxis aus? Angenommen, man versucht mit Hilfe eines Supermikroskops den Ort eines Teilchens zu bestimmen. Dies kann allein dadurch geschehen, daß man Licht, d. h. Photonen (oder wenigstens ein Photon), auf das Teilchen wirft. Wird das Teilchen mit Photonen „bombardiert", so erfährt es einen Rückstoß und ändert seine Geschwindigkeit. Man kann also die Ortsbestimmung des Teilchens nur auf Kosten seiner Geschwindigkeit durchführen und umgekehrt. Vielfach aber ist der Ort eines Teilchens ungefähr bekannt (etwa im Falle eines Elektrons innerhalb eines Atoms). In solchen Fällen muß die Wahrscheinlichkeit, das Teilchen zu finden, auf einen bestimmten Raum beschränkt werden. Dies kann durch eine Welle dargestellt werden, deren Frequenz und Amplitude an einem bestimmten Ort am größten ist. Eine derartige Wellenform wird in der Quantentheorie als „Wellenpaket" bezeichnet (vgl. Bild 16).

Aus dem Voranstehenden geht also hervor, daß atomare Phänomene allein als Wahrscheinlichkeiten anzusehen sind. Anders als Schall- und Wasserwellen sind die betreffenden Wellen demnach als „Wahrscheinlichkeitswellen" anzusehen. Energie und Materie, Wellen und Teilchen, Bewegung und Nichtbewegung, Existenz und Nichtexistenz sind einige der Begriffe, mit denen uns die Quantentheorie konfrontiert. Ihre verwirrende Widersprüchlichkeit charakterisiert der bekannte Atomphysiker Robert Oppenheimer mit den Worten:

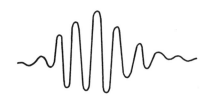

*„Wenn wir zum Beispiel fragen, ob die Position des Elektrons die gleiche bleibt, müssen wir ‚nein' sagen; wenn wir fragen, ob die Position des Elektrons sich mit der Zeit ändert, müssen wir ‚nein' sagen; wen wir fragen, ob das Elektron in Ruhe verharrt, müssen wir*

**Bild 16: Wellenpaket zur Darstellung der Wahrscheinlichkeit der Existenz eines Teilchens in einem bestimmten Bereich des Raumes.**

*‚nein' sagen; fragen wir, ob es in Bewegung ist, müssen wir ‚nein' sagen ...“*

Gleichwohl kann über das Wesen der Materie folgendes festgehalten werden: Materie und damit Teilchen sind nichts anderes als kleine Raumbereiche des elektromagnetischen Feldes, in denen die Feldstärke enorm hohe Werte errreicht. Teilchen sind also „Energieknoten" bzw. „Energiegeschwüre", d. h. Störstellen des Raumes und somit eine Art „Erkrankung" des Universums.

Dazu schreibt H. Weyl:

*„Nach der Feldtheorie der Materie ist ein Masseteilchen wie ein Elektron nur ein kleiner Bereich des elektrischen Feldes, in dem die Feldstärke enorm hohe Werte annimmt, so daß eine vergleichsweise sehr große Feldenergie sich in einem sehr kleinen Raum konzentriert. Solch ein Energieknoten, der keineswegs klar gegen das übrige Feld abgegrenzt ist, breitet sich wie eine Wasserwelle auf der Oberfläche eines Sees durch den leeren Raum aus. So etwas wie ein und dieselbe Substanz, aus der das Elektron die ganze Zeit besteht, gibt es nicht.“*

Ähnlich äußert sich W. Thirring:

*„Die moderne theoretische Physik hat unser Denken vom Wesen der Materie in andere Bahnen gelenkt. Sie hat den Blick von dem zunächst Sichtbaren, nämlich den Teilchen, weitergeführt zu dem, was*

*dahinterliegt, dem Feld. Anwesenheit von Materie ist nur eine Störung des vollkommenen Zustandes des Feldes an dieser Stelle, etwas Zufälliges, man möchte fast sagen, nur ein ‚Schmutzeffekt‘. Dementsprechend gibt es auch keine einfachen Gesetze, welche die Kräfte zwischen Elementarteilchen beschreiben. Ordnung und Symmetrie sind in dem dahinterliegenden Feld zu suchen."*

Und schließlich die Worte Albert Einsteins:

*„Wir können daher Materie als den Bereich des Raumes betrachten, in dem das Feld extrem dicht ist ... in dieser neuen Physik ist kein Platz für beides, Feld und Materie, denn das Feld ist einzige Realität."*

Mit der Entwicklung der Quantentheorie wurden die Vorstellungen über Materie und Strahlung von Grund auf revolutioniert, da Begriffe wie „Teilchen" und „Welle" nicht mehr geschieden, sondern als Dualität verstanden werden. Dabei liegt das Schwergewicht je nach der zu beschreibenden Situation bald auf dem einen bald auf dem anderen Begriff.

Die Unschärferelation ist übrigens heute als fundamentale Größe kosmischen Ausmaßes anerkannt und zählt neben dem Erhaltungssatz der Energie und dem Relativitätsprinzip zu den wesentlichen Grundlagen der modernen Naturwissenschaft.

Kann man jedoch sagen, daß durch die Formulierung der Unschärferelation die Vorstellung des Determinismus endgültig aufgegeben ist? Sind geniale Physiker wie Albert Einstein in dieser Hinsicht in die Irre gegangen? Oder anders ausgedrückt: Hat der Schöpfer die Kontrolle über sein Werk, das Universum, verloren? Sieht er sich außerstande, korrigierend einzugreifen, oder hat er eine „Hintertür" offengelassen, die es ihm gestattet, „notfalls" ein Wort mitzureden? Fragen dieser Art können von uns Erdenmenschen höchstwahrscheinlich weder jetzt noch in Zukunft definitiv beantwortet werden. Persönlich bin ich allerdings der Auffassung, daß die Wahrheit auch in diesem Falle in der Mitte liegt, daß also sowohl die Quantentheorie als auch der Determinismus auf Teilgebieten der physikalischen Welt ihre Gültigkeit behalten.

56

# 4 Energie - Materie - Antimaterie

Zu Beginn unseres Jahrhunderts, konkret im Jahre 1905, formulierte Albert Einstein die spezielle Relativitätstheorie, als deren Krönung die Feststellung der Äquivalenz von Masse und Energie gilt, die ihren quantitativen Ausdruck in der berühmten Formel $E = m \cdot c^2$ findet. Danach ist Energie (E) das Produkt aus Masse (m) und dem Quadrat der Lichtgeschwindigkeit ($c = 10^8$ m/s). Energie kann also in Masse überführt werden und umgekehrt. Weiterhin darf angenommen werden, daß Masse nichts anderes ist als „eingefrorene" Energie.

Mit dieser bahnbrechenden theoretischen Entdeckung, die inzwischen in vielfacher Weise auch experimentell erhärtet ist, wurde zugleich eine Anzahl kosmogenetischer Überlegungen geklärt, nach denen die materielle Welt aus Energie entstand, und zwar aus jener Urenergie, die durch die Explosion eines Uratoms freigesetzt wurde.

Energie ist Arbeitsvermögen. Verfügt ein System über Energie, so kann es Arbeit leisten. Ebendies gilt für die Natur, in der aus Energie Arbeit in den unterschiedlichsten Formen gewonnen wird. Verfügen wir also über Energie in beliebiger Form, beispielsweise in Gestalt fossiler Brennstoffe, Strahlung, Kernkraft, Windkraft usw., so können wir daraus Arbeit in Form von Bewegung, Wärme usw. gewinnen. Vorgänge dieser Art setzen allerdings einen Energieumwandlungsprozeß voraus, der stets mit Verlusten verbunden ist. Unabhängig aber davon stellt Energie das erste Rohmaterial zur Einleitung und Aufrechterhaltung aller nur denkbaren physikalischen Prozesse dar. Gäbe es keine Energie, so gäbe es keine Bewegung, keine Veränderung, ja überhaupt keine Aktivität im Rahmen des Mikro-, des Makro- wie des Biokosmos. Energie stellt also unabhängig von ihrer jeweiligen Form die wichtigste physikalische Größe überhaupt dar.

Als Maßeinheit der Energie wird das Joule verwendet. Ein Joule entspricht dem Produkt von Watt (W) und Sekunde (s). Es gilt also: 1 Joule = 1 Ws. Dabei handelt es sich um eine sehr kleine Maßeinheit, deren Größenordnung beispielsweise der Umstand verdeutlicht, daß ein brennendes Streichholz etwa 1000 Joule abgibt. In der Praxis rechnet man daher mit Mehrfachen von Joule. Es sind dies das kilo-Joule (kJ = $10^3$ J), das Mega-Joule (MJ = $10^6$ J), das Giga-Joule (GJ = $10^9$ J), das Tera-Joule (TJ = $10^{12}$ J), das Peta-Joule (PJ = $10^{15}$ J) und das Exa-Joule (EJ = $10^{18}$ J). Ein Mehrfaches der Wattsekunde ist die Kilowattstunde, definiert als das Produkt von 1000 W = 1 kW und 3600 s = 1 h (1 Stunde). Es entspricht also einem Wert von 1000 W x 3600 s = $3,6 \cdot 10^6$ Joule = 3,6 MJ.

In der Physik und speziell in der Teilchenphysik wird vor allem die Maßeinheit Elektronenvolt (eV) verwendet. Ein Elektronenvolt entspricht der kinetischen Energie, die ein Elektron erhält, wenn es durch eine Spannungsdifferenz von einem Volt (1 V) beschleunigt wird (1 eV = 1 e x 1 V). Mehrfache davon sind das Kiloelektronenvolt (keV), das Megaelektronenvolt (MeV) und das Gigaelektronenvolt (GeV), wobei zwischen diesen Größen die folgenden Beziehungen bestehen:

$$1000 \text{ eV} = 1 \text{ keV}$$
$$1000 \text{ keV} = 1 \text{ MeV}$$
$$1000 \text{ MeV} = 1 \text{ GeV}$$

Auf der anderen Seite besteht zwischen den Maßeinheiten eV und Joule die folgende Beziehung:

$$1 \text{ Joule} = 6,25 \cdot 10^{18} \text{ eV}$$

Daraus wird ersichtlich, daß die Maßeinheit eV eine sehr kleine Energiemenge repräsentiert. So sind beispielsweise $10^{11}$ eV erforderlich, um eine Ameise 1 mm vom Boden hochzuheben. Eine Fliege wiederum kann eine Energie von ca. $10^{16}$ eV erzeugen.

Betrachten wir jedoch einige Beispiele aus der Teilchenphysik. Ein Proton weist eine Masse von $1,6724 \cdot 10^{-27}$ kg auf. Seine äquivalente Energie beläuft sich auf:

$E = m \cdot c^2 = 1{,}6724 \cdot 10^{-27} \times (3 \cdot 10^8)^2 = 1{,}505 \cdot 10^{-10}$ Joule

Da 1 Joule $= 6{,}25 \cdot 10^{18}$ eV beträgt, erhalten wir:

$$1{,}505 \cdot 10^{-10} \times 6{,}25 \cdot 10^{18} = 0{,}94 \text{ GeV}$$

Die entsprechende Berechnung für ein Elektron (Masse: $0{,}91 \cdot 10^{-30}$ kg) lautet:

$$E = m \cdot c^2 = 0{,}91 \cdot 10^{-30} \times (3 \cdot 10^8)^2 = 8{,}19 \cdot 10^{-4} \text{ Joule}$$
$$= 8{,}19 \cdot 10^{-14} \times 6{,}25 \cdot 10^{18} = 0{,}51 \text{ MeV}$$

Zur Herstellung eines Protons ist also eine Energie von nahezu 1 GeV, d. h. etwa 2000mal mehr als zur Herstellung eines Elektrons erforderlich.

Aufgrund der voranstehenden Überlegungen kann die Masse eines Teilchens in eV-Einheiten bzw. ihren Mehrfachen angegeben werden. Das u- und das d-Quark (vgl. Kap. 5) weisen beispielsweise eine Masse von je 300 MeV auf. Das gleiche gilt für die zugehörigen Antiteilchen, die Antiquarks $\bar{u}$ und $\bar{d}$, die praktisch Antimaterie darstellen.

Der Begriff der Antimaterie hat für den Laien eine ungewöhnliche, ja beinahe magische Wirkung. Für den Physiker dagegen ist sie das Natürlichste von der Welt, da ihre Entstehung eng mit der der Materie verbunden ist. Längst ist labormäßig nachgewiesen, daß Überlegungen dieser Art der Wirklichkeit entsprechen.

Auch Religionslehrer nehmen vielfach Anstoß am Begriff der Antimaterie, den sie aus theologischer Sicht nicht einzuordnen vermögen. Antimateriewelten erscheinen ihnen als Welten des Teufels. Zwar wissen wir heute nicht mit hundertprozentiger Sicherheit, ob solche Welten existieren. Sollte dies jedoch der Fall sein, so stellen sie kein Teufelswerk, sondern einen Bestandteil der göttlichen Schöpfung dar, der die materielle Welt aus Symmetriegründen ergänzt. Dabei ist Antimaterie nicht besser oder schlechter als Materie, zumal die Vorzeichen eine Definitionsfrage darstellen. Was wir auf Erden als Materie bezeichnen, könnten die Bewohner einer Antimateriewelt mit gleichem Recht als Antimaterie bezeichnen.

Bereits in den zwanziger Jahren wurde eine Asymmetrie erkennbar, die darin besteht, daß die positive elektrische Ladung von dem

Proton getragen wird, das etwa 2000mal schwerer als das Elektron ist, das die gleiche elektrische Ladung mit umgekehrtem Vorzeichen aufweist. Es erhob sich daher die Frage nach einer Symmetrie, die man mit der Annahme von Spiegelbildern der bekannten Teilchen zu beantworten suchte. Wie wir gesehen haben, bemühte sich zu jener Zeit Erwin Schrödinger, das Verhalten der Elektronen als Schwingungszustände um die Atomkerne mathematisch zu erfassen. Die berühmte Schrödinger-Gleichung, die aus diesem Bemühen hervorging, gilt, wie erwähnt, allein für Geschwindigkeiten, die im Vergleich zur Lichtgeschwindigkeit verhältnismäßig klein sind. Seine späteren Versuche, die Gleichung so umzuformen, daß sie auch für relativistische Geschwindigkeiten gilt, ergaben, daß diese Gleichung 0-Spin-Teilchen zu beschreiben vermag, während Elektronen 1/2-Spin-Teilchen repräsentieren. Diese Kluft vermochte, wie wir gesehen haben, erst Dirac durch die Formulierung einer modifizierten Gleichung zu überbrücken. Nur wenig später sollte sich jedoch erweisen, daß Diracs Arbeiten eine weitere Konsequenz hatten. Seine Gleichung beschrieb nämlich nicht allein das Verhalten des Elektrons, sondern deutete überdies darauf, daß neben dem Elektron ein weiteres Teilchen existieren muß, das die gleiche Masse, dabei jedoch eine positive elektrische Ladung aufweist. Diese Folgerung ergab sich aus einem Minuszeichen der Gleichung, das zunächst als Denkfehler interpretiert worden war. Bald erkannte man jedoch, daß es sich nicht um einen Fehler, sondern um den Hinweis auf ein Antiteilchen des Elektrons handelte. Damit war die Antimaterie theoretisch entdeckt.

Während Dirac der theoretische Nachweis der Antimaterie gelang, war Carl Anderson damit beschäftigt, die kosmische Höhenstrahlung zu untersuchen. Als Teilchen-Detektor verwendete er eine Nebelkammer. Dabei stellte er fest, daß sich manche der Teilchen in Abhängigkeit von ihrer Bahn wie positiv geladene Elektronen verhalten. Als er seine Beobachtungen mit Millikan, dem Leiter seines Instituts diskutierte, riet ihm dieser, das Thema genauer zu untersuchen, da er einen Fehler vermutete. Anderson ging erneut an die Arbeit, doch erwies es sich, daß seine Beobachtungen zutrafen. Ohne die theoretischen Arbeiten Diracs zu kennen, kam er zu der Schlußfolgerung, daß es sich bei den beobachteten Teilchen um Antiteilchen des Elektrons handelte, die er Positronen ($e^+$) nannte. Auf diese Weise war die Existenz der Antimaterie auch experimentell bestätigt. Gestützt auf Andersons Entdeckung und auf die seit langem vermutete Symmetrie von Materie und Antimaterie suchte man im Anschluß nach weiteren Antiteilchen und wurde in der Tat fündig. Bis es soweit war, vergingen allerdings einige Jahre. Die Ursache dafür lag in der technischen Entwicklung der Teilchenbeschleuniger, die anfangs nicht die erforderliche Energie aufzubringen vermochten. So setzt beispielsweise die Erzeugung eines Antiprotons, das aufgrund seiner etwa 2000mal größeren Masse eine etwa 2000mal größere Energie als die Erzeugung eines Positrons erfordert, die Verwendung eines Teilchenbeschleunigers voraus, der in der Lage ist, Teilchen auf mehrere GeV zu beschleunigen. Teilchenbeschleuniger dieses Typs aber konnten erst zu Beginn der fünfziger Jahre realisiert werden. Tatsächlich gelang die Erzeugung der ersten Proton-Antiproton-Paare im Jahr 1955, nachdem in den USA ein großer Teilchenbeschleuniger in Betrieb genommen wurde, der einen Protonenstrahl mit einer Energie von mehr als 6 GeV erzeugen konnte. Untersuchungen der Antiprotonen erwiesen im Anschluß, daß sie tatsächlich die gleiche Masse wie die Protonen, jedoch die entgegengesetzte elektrische Ladung aufweisen. Somit war auch die Existenz von schweren Antiteilchen experimentell erhärtet. Unabweisbar erhob sich nun die Frage, was geschieht, wenn Antimaterie auf Antimaterie, beispielsweise ein Antiproton auf ein Positron trifft. Aus Symmetriegründen ist vorauszusagen, daß ein solches Zusammentreffen zur Enstehung eines Atoms, oder besser: eines Antiatoms führt, wie es Bild 17 veranschaulicht. Darin nimmt das Antiproton die Stelle des Protons, das Positron die Stelle des Elektrons ein. Beide Teilchen verhalten sich im übrigen wie die entsprechenden Teilchen eines Atoms der Materie, d.h. das Positron „kreist" wie das

Elektron um den Kern seines Atoms und kann wie dieses die verschiedensten Schwingungszustände annehmen, die durch die Quantenmechanik beschrieben werden.

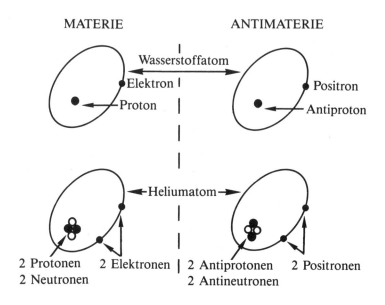

**Bild 17: Materie und Antimaterie am Beispiel des Wasserstoff- und des Heliumatoms.**

Betrachten wir nun das Wasserstoffatom, das, wie wir gesehen haben, aus einem Proton und einem Elektron besteht. Ersetzen wir das Proton durch ein Antiproton, das Elektron durch ein Positron, so erhalten wir das Antiatom des Wasserstoffatoms. Dieses Antiatom unterscheidet sich von dem normalen Wasserstoffatom allein durch die umgekehrte elektrische Ladung seiner Bestandteile. Das Positron kann nach den Gesetzen der Quantenmechanik also die gleichen Schwingungszustände annehmen wie das Elektron des gewöhnlichen Wasserstoffatoms. Der Übergang von einem Schwingungszustand zum nächstniederen Schwingungszustand hat somit auch im Falle des Antiatoms die Freisetzung eines Photons mit der gleichen Energie und den gleichen Spektrallinien wie im Falle des regulären Atoms zur Folge. Auf optischem Wege ist demnach zwischen einem Wasserstoff- und einem Antiwasserstoffatom kein Unterschied festzustellen. Theoretisch kann man sich mithin eine Welt aus Antimaterie vorstellen, die sich von der unseren optisch nicht unterscheidet. Eine solche Welt enthielte jedoch nicht allein Antiteilchen wie Positronen, Antiprotonen usw., sondern auch Antiatome, die Antimoleküle bilden und somit komplexere Antimateriestrukturen konstituieren, darunter möglicherweise auch Antimenschen. Vor allen Spekulationen über eine Welt aus Antimaterie stellt sich jedoch die Frage, ob Antiatome überhaupt realisierbar sind und ob sie sich zu komplizierten Strukturen verbinden können. Einstweilen kann man unter Verwendung von Teilchenbeschleunigern zwar Antiteilchen erzeugen, doch ist es bisher noch niemandem gelungen, ein Antiatom - etwa des Wasserstoffatoms - herzustellen, in dem in Analogie zu diesem ein Positron um ein Antiproton kreist.

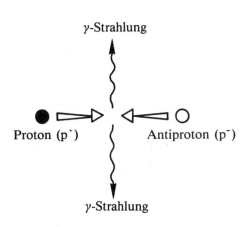

γ-Strahlung

Proton (p⁺)  Antiproton (p⁻)

γ-Strahlung

**Bild 18: Materiezerstrahlung am Beispiel eines Proton-Antiproton-Paares.**

Kommt nun Antimaterie mit Materie in Berührung, so kommt es zur Vernichtung beider, wobei Energie in Form von Strahlung sowie die verschiedensten Teilchen entstehen. Vernichtungsprozesse dieser Art kann man heute sowohl in der Natur als auch im Rahmen von Teilchenbeschleunigern beobachten. Bild 18 veranschaulicht die Vernichtung eines Protons und eines Antiprotons. Dabei entsteht eine Energiemenge, die die Masse der beiden Teilchen repräsentiert. Hinzu kommt naturgemäß die kinetische

Energie der betreffenden Teilchen. Da die Masse eines Protons bzw. Antiprotons $1{,}6724 \cdot 10^{-27}$ kg beträgt, entsteht durch ihre Vernichtung eine Energie von $E = m \cdot c^2 = 2 \times 1{,}6724 \cdot 10^{-27} \times (3 \cdot 10^8)^2 = 3 \cdot 10^{-10}$ Joule bzw. 1,88 GeV. Verfügte man demnach über Antimaterie, so wäre das Weltenergieproblem ein für allemal gelöst. Man brauchte lediglich die Antimaterie mit Materie in Berührung zu bringen, um automatisch große Mengen von Energie zu erzeugen. Geschieht dies unter kontrollierten Bedingungen, so entsteht eine Antimaterie-Maschine, die Energie zu unterschiedlicher Nutzung bereitstellt. Geschieht dies dagegen unter nichtkontrollierten Bedingungen, so entsteht eine Antimaterie-Bombe, deren Vernichtungskraft alle bisher bekannten Kernwaffen in den Schatten stellen würde.

Im Falle der Kernspaltung wurde zuerst die unkontrollierte Energiefreisetzung in Gestalt der Explosion von A-Bomben und erst im Anschluß die kontrollierte Energiefreisetzung im Rahmen von Kernreaktoren technisch genutzt. Im Falle der Kernverschmelzung dagegen gelang bislang allein die unkontrollierte Energiefreisetzung in Form der Explosion von Wasserstoffbomben. Alle Versuche, mit Hilfe geeigneter Reaktoren eine kontrollierte Kernverschmelzung (Kernfusion) zu realisieren, sind bisher fehlgeschlagen, und ihr künftiger Erfolg steht dahin. Auch die künstliche Erzeugung von Antimaterie ist derzeit nicht prognostizierbar. Eine Antimaterie-Maschine verstößt jedenfalls gegen kein Naturgesetz, so daß ihre Realisierung durchaus im Bereich des Möglichen liegt. Allerdings gibt es keine Möglichkeit der Aufbewahrung von Antimaterie, da ihre Berührung mit Materie zur augenblicklichen Vernichtung beider führt. Die Antimaterie muß mithin zugleich mit ihrer Erzeugung verbraucht werden. Eine Antimaterie-Maschine müßte demnach imstande sein, Antimaterie nicht allein zu produzieren, sondern sie unmittelbar zur Energiegewinnung zu nutzen. Die Realisierung einer Antimaterie-Maschine eröffnet jedoch weitere Perspektiven. Durch die Vernichtung von Materie und Antimaterie entsteht, wie wir gesehen haben, Energie in Gestalt von Strahlung, d. h. es entstehen Photonen. Werden diese Photonen für Antriebszwecke genutzt, so können Austrittsgeschwindigkeiten erzielt werden, die der Lichtgeschwindigkeit entsprechen. Es könnten also Antriebsmotoren entwickelt werden, die entsprechende Fahrzeuge auf enorm hohe Geschwindigkeiten in der Nähe der Lichtgeschwindigkeit beschleunigen könnten. Auf diese Weise würden also die vieldiskutierten interstellaren Raumflüge in greifbare Nähe rücken. Voraussetzung der hochfliegenden Zukunftspläne ist allerdings, daß der Mensch bis dahin den eigenen Planeten nicht in die Luft gesprengt hat. Offensichtlich waren es Befürchtungen dieser Art, die Albert Einstein gegen Ende seines Lebens davon abhielten, eine angeblich neue Entdeckung publik zu machen. Diese Vermutung stützt sich auf eine Äußerung von Dr. Josef Spier-Afula aus Israel, dem Sohn einer Großkusine Einsteins, der Ende der fünfziger Jahre berichtete:

*„Dieser große Albert Einstein, zum Schluß seines Lebens war er der unglücklichste Mensch. Und ich verrate Ihnen jetzt ein Geheimnis, das er mir damals, 1951, offenbarte. Er verpflichtete mich damals es nie zu sagen, bevor er das Zeitliche gesegnet habe, und ich habe dieses Versprechen gehalten. Nun darf ich es Ihnen sagen. An diesem Tage, an dem ich ihn zum letztenmal lebend sah, an diesem Tage sagte er zu mir: ‚Weißt du, mein Sohn, ich habe noch etwas erfunden, auf dem Grenzgebiet der Mathematik und der Astronomie. Das habe ich jüngstens kaputtgemacht. Einmal ein Mörder an der Menschheit zu sein, genügt mir.“*

Sollte diese Mitteilung zutreffen, so bezieht sie sich wahrscheinlich auf die von Einstein erkannte Möglichkeit der Herstellung von Antimaterie.

## So entstand das Universum
**Der Urknall und seine Folgen**

*ca. 180 S., 47 Abb.*
*ISBN 3-922238-88-2*

Der Wunsch des Menschen das Universum zu begreifen, d.h. der Weltentstehung auf die Spur zu kommen, scheint in Erfüllung zu gehen. Die *„Weltformel"*, die die Entstehung der Welt im Rahmen einer einheitlichen Feldtheorie beschreiben soll, steht kurz vor ihrer Vollendung. Wissenschaft und Religion werden aber dadurch kaum in Konflikt geraten. Wolle man sich hier eine Hierarchie vorstellen, so begänne sie mit dem Schöpfer und verliefe über die Symmetrie zur Urenergie in Form einer Urkraft, die den heute beobachteten Kosmos zu erschaffen vermochte.

## Phänomen Zeit

*190 S., 63 Abb.*
*ISBN 3-922238-81-5*

- Was ist Zeit und was ist ihr Ursprung?
- Wie kann die Zeit präzise gemessen werden und welche praktischen Anwendungen ergeben sich daraus?
- Was ist biologische Zeit und welche Rolle spielt sie im Bereich des Biokosmos?
- Kann die Zeit technisch oder biologisch manipuliert und damit die Lebenserwartung positiv beeinflußt werden?
- Was versteht man unter „kosmischer Zeit" und welche Bedeutung hat sie im Rahmen der Kosmogonie und der Kosmologie?

Fragen dieser und ähnlicher Art werden im vorliegenden Buch in anspruchsvoller, doch auch dem unvorbereiteten Leser zugänglicher Darstellung besprochen. Dabei ergibt sich eine Reihe hochinteressanter neuer Aspekte des Phänomens „Zeit"

# 5 Teilchenvielfalt und die Quarks

Bis in die dreißiger Jahre herrschte im Bereich der Teilchenphysik hinsichtlich der Anzahl der Teilchen eine überschaubare Ordnung. Neben den Nukleonen (Protonen und Neutronen) und dem Elektron gab es noch das Photon als Botenteilchen der Strahlung. Hinzu kam die Hypothese von der Existenz des Neutrinos.

Mit der Entdeckung des Positrons im Jahre 1932 kam allmählich auch die Antimaterie ins Gespräch, ohne daß die etablierte Teilchenornung jedoch ernsthaft in Frage gestellt wurde. Erst die Entwicklung leistungsfähigerer Teilchenbeschleuniger ließ die Situation kritisch werden. Nunmehr wurden fortwährend neue Teilchen entdeckt, die allerdings alle zur Familie der instabilen Teilchen gehören. Sie werden erzeugt, um im Rahmen eines kontinuierlichen Prozesses, den man als „kosmischen Tanz" bezeichnen kann, augenblicklich zu zerfallen.

Die ständig wachsende Anzahl der neuentdeckten Teilchen hatte die zunehmende Unübersichtlichkeit der Teilchenphysik zur Folge. Deswegen bemühte man sich um eine zweckmäßige Klassifizierung. Dies ist aber nicht einfach, weil die Klassifizierungsmerkmale ganz unterschiedlicher Art sein können. Berücsichtigt man beispielsweise als Kriterium die starke Kraft, so kann man die Teilchen in zwei Kategorien einteilen. Die erste Kategorie enthält die Teilchen, die auf diese Naturkraft nicht ansprechen und daher als Leptonen (gr. λεπτός „fein" bzw. „dünn") bezeichnet werden. Die zweite Kategorie dagegen enthält Teilchen, die in Wechselwirkung mit der starken Kraft treten und daher als Hadronen (gr. χονδρός „dick") bezeichnet werden. Die Klasse der Hadronen wird wiederum in zwei Subkategorien geteilt. Die eine enthält die sogenannten Baryonen (gr. βαρύς „schwer"), die zweite die sogenannten Mesonen (gr. μεσαῖος „mittel"). Baryonen stellen Kombinationen aus drei Quarks, Mesonen dagegen

Quark-Antiquark-Paare dar. Demgegenüber weisen Leptonen keine innere Struktur auf, sind also Elementarteilchen. Manche Leptonen sind elektrisch geladen, wie z.B. das Elektron, andere sind elektrisch neutral. Zu diesen gehören insbesondere alle Neutrinos. Leptonen weisen überdies den gleichen Spin (1/2) auf und gehören somit zur Familie der Fermionen.

Man unterscheidet insgesamt sechs Leptonen, und zwar das Elektron, das Myon, das Tau, das Elektron-Neutrino, das Myon-Neutrino und das Tau-Neutrino (vgl. Tabelle 4). Das bekannteste der Leptonen ist ohne Zweifel das Elektron, von dem wir bereits mehrfach gesprochen haben. Das Myon wurde zuerst in der Höhenstrahlung festgestellt. Dabei wurde zunächst die Vermutung geäußert, daß dieses Teilchen einen angeregten Zustand des Elektrons repräsentiert. Bald stellte sich jedoch heraus, daß es sich um ein eigenständiges Teilchen handelt, dessen Masse 206,7mal größer als die Masse des Elektrons ist. Das dritte elektrisch geladene Lepton stellt das Tau dar, das erst gegen Ende der sechziger Jahre entdeckt wurde. Bei einer beträchtlichen Masse von 3536 $m_e$ (vgl. Tabelle 4) weist es die gleiche elektrische Ladung wie das Myon und das Elektron auf und verhält sich daher elektrisch wie diese Teilchen. Die Entdeckung dieses schweren Teilchens macht zwar die Bezeichnung der Leptonen im Grunde genommen obsolet, doch wird sie aus historischen Gründen weiterhin beibehalten. Elektron, Myon und Tau stellen also mit den entsprechenden Neutrinos die sechs Leptonen dar. Hinzu kommen naturgemäß auch die zugehörigen Antiteilchen.

Im Gegensatz zu den Leptonen stellen die Hadronen komplizierte Gebilde dar. Sie bestehen aus mehreren Subteilchen, die als Quarks bezeichnet werden.

Die innere Struktur der Hadronen war bereits früh vermutet worden, da diese Familie im Gegensatz zu den Leptonen Hunderte verschiedenartiger Teilchen enthält. Alle Mitglieder dieser Familie treten in Wechselwirkung mit der starken Kraft. In elektrischer Hinsicht enthält die Familie sowohl geladene als auch neutrale Teilchen.

Das bekannteste der geladenen Hadronen stellt das Proton, das bekannteste der neutralen Hadronen das Neutron dar. Beide sind stabile Teilchen, obgleich das Neutron diese Eigenschaft nur beanspruchen kann, solange es sich innerhalb von Atomkernen befindet. Anderenfalls hat es eine Lebensdauer von nicht mehr als ca. 15 Minuten. Alle übrigen Hadronen sind instabil und zerfallen innerhalb kürzester Zeit ($t \leq 10^{-6}$ s).

Mit der Entdeckung der zahlreichen Hadronen vor allem im Laufe der fünfziger Jahre gerieten die Teilchenphysiker mehr und mehr in Verlegenheit, da sich die neugefundenen Teilchen nur gruppieren ließen, wenn man ihnen eine innere Struktur unterstellte. Die Erklärung der Erscheinung gelang in der Tat im Jahre 1963 den amerikanischen Physikern Murray Gell-Mann und Georg Zweig, die unabhängig voneinander die heute allseits anerkannte Quark-Theorie formulierten. Danach bestehen alle Teilchen mit Ausnahme der Leptonen entweder aus drei Quarks (Baryonen) oder aus einem Quark-Antiquark-Paar (Mesonen). Die Existenz der Quarks ist mitlerweile auch experimentell erhärtet worden.

**Tabelle 4: Die sechs Leptonen und ihre Hauptkenndaten.**

| Bezeichnung | Symbol | Ladung (e) | Masse ($m_e$) |
|---|---|---|---|
| Elektron | $e^-$ | -1 | 1 |
| Myon | $\mu^-$ | -1 | 206,7 |
| Tau | $\tau^-$ | -1 | 3536,0 |
| Elektron-Neutrino | $\nu_e$ | 0 | 0 |
| Myon-Neutrino | $\nu_\mu$ | 0 | 0 |
| Tau-Neutrino | $\nu_\tau$ | 0 | 0 |

Die Quark-Theorie sah ursprünglich drei Quarks, das u- (engl. *up* „oben"), das d- (engl. *down* „unten") und das s-Quark (engl. *strange* „seltsam") sowie die entsprechenden Antiquarks $\overline{u}$, $\overline{d}$ und $\overline{s}$ vor. Die Mehrzahl der herkömmlichen Teilchen läßt sich aus den Quarks u und d aufbauen. Das s-Quark wird dagegen angenommen, um auffällige Erscheinungen bestimmter Teilchen zu erklären.

Damit auch die elektrischen Ladungen der Hadronen stimmen, müssen die beteiligten Quarks ihrerseits elektrisch geladen sein. Dem u-Quark ist daher eine elektrische Ladung von + 2/3 e, dem d- und dem s-Quark eine elektrische Ladung von je - 1/3 e zugeordnet, wobei e die Elementarladung des Elektrons repräsentiert. Die entsprechenden Antiquarks weisen die gleiche elektrische Ladung mit umgekehrtem Vorzeichen auf (vgl. Tabelle 5).

**Tabelle 5: Quarks, Antiquarks und ihre elektrische Ladungen.**

| Quark | Elektrische Ladung (e) | Antiquark | Elektrische Ladung (e) |
|:-----:|:----------------------:|:---------:|:----------------------:|
| u | + 2/3 | $\overline{u}$ | − 2/3 |
| d | − 1/3 | $\overline{d}$ | + 1/3 |
| s | − 1/3 | $\overline{s}$ | + 1/3 |

Das s-Quark kann man gleichsam als den Bruder des d-Quarks bezeichnen, denn es hat die gleiche elektrische Ladung, ist jedoch etwas schwerer (vgl. Tabelle 6). Das hat zur Folge, daß Teilchen, die ein oder mehrere s-Quarks enthalten, schwerer sind als Teilchen ohne s-Quarks.

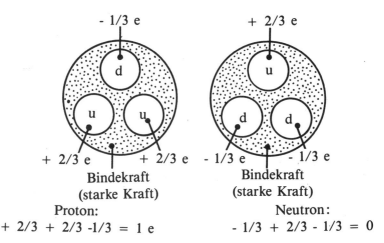

**Bild 19: Zusammensetzung eines Protons (links) und eines Neutrons (rechts) aus jeweils drei Quarks.**

Versucht man nun, mit Hilfe der u- und d-Quarks ein Proton und ein Neutron nachzubilden (vgl. Bild 19), so muß man für das Proton zwei u- und ein d-Quark, für das Neutron dagegen ein u- und zwei d-Quarks verwenden. Für das Proton ergibt sich also die elektrische Ladung u + u + d = 2/3 e + 2/3 e - 1/3 e = 1 e, für das Neutron dagegen die elektrische Neutralität d + d + u = -1/3 e - 1/3 e + 2/3 e = 0.

Andere Teilchen, z. B. Mesonen, stellen wie gesagt Quark-Antiquark-Systeme dar, d. h. sie bestehen aus einem Quark und einem Antiquark. In der Natur begegnen also entweder 3-Quark- oder Quark-Antiquark-Systeme. Andere Kombinbationen sind einstweilen nicht nachgewiesen. Es sind jedoch Teilchen bekannt (z. B. das $\Delta^{++}$-Teilchen), die aus drei u-Quarks bestehen und daher eine elektrische Ladung von + 2 e, d. h. die doppelte Elementarladung aufweisen.

Außer der elektrischen Ladung müssen Quarks auch hinsichtlich des Spins konform sein. Diese Voraussetzung ist nur dann gegeben, wenn sie 1/2-Spin-Werte aufweisen. Dabei werden Quarks und Antiquarks gleichwertig behandelt. Hadronen weisen also stets einen halbzahligen (1/2, 3/2 usw.), Mesonen dagegen einen ganzzahligen Spin (0, 1, 2 usw.) auf.

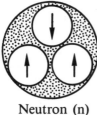

Neutron (n)
Spin : 1/2

Pion (π)
spin : 0

**Bild 20: Den Quarks ist ein Spin von 1/2 zugeordnet. Somit zeigen die Hadronen auch bezüglich des Spins keinen Widerspruch.**

Bild 20 zeigt anhand zweier Beispiele, wie die Spinwerte innerhalb eines Neutrons und eines Pions, d.h. innerhalb eines Baryons und innerhalb eines Mesons ausgelegt sein müssen, damit der beobachtete Spinwert von 1/2 (Neutronen) bzw. 0 (Pionen) zustande kommt. Dabei handelt es sich im vorliegenden Falle um Teilchen, bei denen kein Bahndrehimpuls auftritt. Der beobachtete Spin stellt also die Summe der Spinwerte der beteiligten Quarks dar. In anderen Fällen ist jedoch auch ein Bahndrehimpuls zu berücksichtigen, damit der beobachtete Spinwert des betreffenden Hadrons zustandekommt. Einen solchen Fall zeigt Bild 21. Dabei handelt es sich um ein Meson, dessen Spin den Wert 1 haben sollte. Dieser Wert wird jedoch durch den vorhandenen Bahndrehimpuls kompensiert, so daß dieses Teilchen einen Spinwert von 0 aufweist.

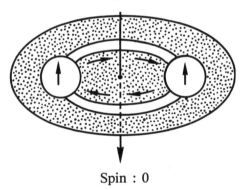

Spin : 0

**Bild 21: Beispiel eines 0-Spin-Mesons. Dieser Wert kommt dadurch zustande, daß außer den Spin-Werten der beiden Quarks auch ein Bahndrehimpuls vorhanden ist.**

Auch das Pauli'sche Ausschlußprinzip steht der Quarktheorie nicht entgegen. Zwar schien es zunächst, daß Teilchen existieren, die dieses Prinzip verletzen (z. B. die bereits erwähnten $\Delta^{++}$-Teilchen). Jahrelange Überlegungen führten jedoch im Jahre 1970 zu einer akzeptablen Lösung. Sie besteht in der Einführung einer neuen Quantenzahl, der sogenannten Farbquantenzahl, die den Farbladungen der beteiligten Quarks Rechnung trägt. Damit konnte die Quarktheorie bis in die Mitte der siebziger Jahre unangefochten bleiben. Gegen Ende des Jahres 1974 trat jedoch ein Ereignis ein, das im Kreise der Physiker als „November-Revolution" Furore machte. Zu dieser Zeit war es nämlich dem amerikanischen Teilchenphysiker Samuel Ting und seinen Mitarbeitern am Brookhaven National Laboratory gelungen, ein Meson zu identifizieren, das mit Hilfe der drei bis dahin angenommenen Quarks nicht erklärbar war. Dieses Teilchen resultierte aus der Kollision von Protonen mit Berylliumkernen innerhalb eines Teilchenbeschleunigers.

Die Vorarbeiten dieser Entdeckung hatte Ting jedoch bereits Jahre zuvor bei DESY in Hamburg geleistet. Bei dem neuen Teilchen handelte es sich um ein Meson, das aus einem neuen Quark-Antiquark-Paar besteht. Ting bezeichnete es als „J-Teilchen", da der Buchstabe J dem chinesischen Zeichen für Ting ähnlich sieht. Das neue Quark wurde „charme-Quark" (c-Quark) genannt. Der Ursprung dieser Bezeichnung ist allerdings nicht bekannt. Vielleicht rührt sie daher, daß diese Entdeckung den Physikern Freude bereitete.

Kaum war die Entdeckung des genannten Mesons erfolgt, wurde die Identifizierung des gleichen Teilchens aus Kalifornien bekannt. Sie gelang dem amerikanischen Physiker Burt Richter, der an dem dortigen Elektron-Positron-Speicherring SPEAR forschte. Richter bezeichnete das neuentdeckte Teilchen als $\Psi$-Teilchen. Ob Richter von Tings Entdeckung gehört hatte und daher intensiv nach dem neuen Teilchen Ausschau hielt, ist nicht bekannt. Tatsache ist, daß zwei Forscher nahezu gleichzeitig die gleiche Entdeckung machten, indem sie unter unterschiedlichen Voraussetzungen ein Meson identifizierten, das aus einem $c\bar{c}$-Quark-Paar besteht. Beide Arbeiten wurden nun gleichzeitig zur Publikation eingereicht, und im Jahre 1976 erhielten beide Physiker für die Entdeckung des J/$\Psi$-Teilchens den Nobelpreis für Physik.

Die Quark-Familie hatte somit ein neues Mitglied bekommen, nämlich das c-Quark mit dem zugehörigen Antiquark $\bar{c}$. Das neue Quark weist eine Masse von 1500 MeV und eine Ladung von - 2/3 e auf (vgl. Tabelle 6). Damit aber entstand zwischen Quarks und Leptonen eine Asymmetrie, da vier Quarks lediglich drei Leptonen (Elektron, Elektron-Neutrino und Myon-Neutrino) gegenüberstanden. Die gewünschte Symmetrie konnte noch im Jahre 1974 wiedergewonnen werden, als in der kosmischen Höhenstrahlung das bereits erwähnte Myon nachgewiesen wurde. Diese Symmetrie wurde jedoch bereits Mitte der siebziger Jahre durch die Entdeckung des Tau-Teilchens erneut gestört. Experimentelle Untersuchungen zeigten aber, daß auch zu diesem Lepton ein Neutrino, das sogenannte Tau-Neutrino, existiert. Damit traten vier Quarks sechs Leptonen gegenüber, was die Vermutung nährte, daß auf seiten der ersteren mit weiteren Entdeckungen zu rechnen sei. Die Vermutung wurde durch die Entdeckung des Y-Teilchens bestätigt, das aus einem neuen Quark-Antiquark-Paar besteht. Das neue Quark bezeichnete man als „bottom-" bzw. „beauty-Quark" (b-Quark). Die Masse dieses Quarks beträgt 5000 MeV, seine Ladung -1/3 e (vgl. Tabelle 6). Das fehlende sechste Quark, das bereits den Namen „truth-" bzw. „top-Quark" (t-Quark) trägt, soll eine Ladung von + 2/3 e und eine Masse von ca. 40000 MeV aufweisen (vgl. Tabelle 6). Sein experimenteller Nachweis steht jedoch einstweilen aus.

Tabelle 7 zeigt einige Hadronen und ihre Quarkkombinationen, Tabelle 8 faßt die zwölf Urbausteine zusammen, aus denen die Materie überhaupt zusammengesetzt zu sein scheint. Danach besteht sie aus zwei Gruppen von Teilchen. Die erste enthält sechs Quarks, die zweite sechs Leptonen. Hinzu kommen naturgemäß die zugehörigen Antiteilchen, so daß sich die Gesamtzahl der Urbausteine auf 24 beläuft.

Mit der Konzeption der Quarktheorie ist auch die starke Kraft, d. h. die Naturkraft, die einerseits die Quarks innerhalb der Nukleonen, andererseits die Nukleonen innerhalb der Atomkerne zusammenhält, Gegenstand besonderer Aufmerksamkeit geworden.

Sieht man vom Wasserstoffatomkern ab, der lediglich aus einem Proton besteht, so hat man es in der Regel mit Atomkernen zu tun, die aus mehreren Nukleonen zusammengesetzt sind. Der Umstand, daß Protonen elektrisch positiv geladen sind und sich gegenseitig abstoßen, sollte die Bildung von Atomkernen eigentlich verhindern.

Damit wäre die Entstehung der Materie ausgeschlossen. Die offenkundige Tatsache ihrer Existenz setzt deswegen eine Kraft voraus, welche der Abstoßung der Protonen entgegenwirkt. Das Geheimnis dieser Kraft liegt in der Tatsache, daß sie erst dann wirksam wird, wenn sich Teilchen auf weniger als $10^{-13}$ cm nahekommen, wie es im Inneren der Atomkerne der Fall ist. Entfernen sich die Teilchen voneinander auf eine größere Distanz, so wird sie sehr schwach und es wirkt - im Falle elektrisch geladener Teilchen - nurmehr die elektromagnetische Kraft.

**Tabelle 6: Die sechs Quarks sowie ihre Antiteilchen und ihre Hauptkenndaten.**

| Typ | Bez. | Äquivalente Energie (MeV) | Elektrische Ladung (e) | |
|-----|------|---------------------------|------------------------|--|
| | | | Quark | Antiquark |
| up | u | 300 | + 2/3 | - 2/3 |
| down | d | 300 | - 1/3 | + 1/3 |
| strange | s | 450 | - 1/3 | + 1/3 |
| charme | c | 1500 | - 2/3 | + 2/3 |
| bottom | b | 5000 | - 1/3 | + 1/3 |
| top | t | ca. 40000 (?) | + 2/3 | - 2/3 |

**Tabelle 7: Einige Hadronen und ihre Quarkkombinationen.**

| Name | Symbol | Q-Kombination |
|------|--------|---------------|
| Proton | p | uud |
| Neutron | n | udd |
| Neutrales Sigma | $\Sigma^0$ | uds |
| Negatives Sigma | $\Sigma^-$ | dds |
| Positives Sigma | $\Sigma^+$ | uus |
| Lambda | $\Lambda$ | uds |
| Pos. Pion | $\pi^+$ | u$\bar{\text{d}}$ |
| Pos. Kaon | k$^+$ | u$\bar{\text{s}}$ |
| Neg. Pion | $\pi^-$ | u$\bar{\text{u}}$ |
| Neg. Kaon | k$^-$ | s$\bar{\text{u}}$ |

**Tabelle 8:** Die zwölf Urbausteine, aus denen die Materie zusammengesetzt zu sein scheint.

| Name | Symbol | Ladung (e) | Masse (MeV) |
|------|--------|-----------|-------------|
| Quark 1 | u | + 2/3 | 300 |
| Quark 2 | d | - 1/3 | 300 |
| Quark 3 | s | - 1/3 | 450 |
| Quark 4 | c | - 2/3 | 1500 |
| Quark 5 | b | - 1/3 | 5000 |
| Quark 6 | t | + 2/3 | ca. 40 000 |
| Elektron | e | - 1 | 0,5 |
| Myon | $\mu$ | - 1 | 100 |
| Tau | $\tau$ | - 1 | 1770 |
| Elektron-Neutrino | $\nu_e$ | 0 | 0 |
| Myon-Neutrino | $\nu_\mu$ | 0 | 0 |
| Tau-Neutrino | $\nu_\tau$ | 0 | 0 |

Im Gegensatz zur elektromagnetischen Kraft zeichnet sich die starke Kraft also durch eine geringe Reichweite aus, was wiederum impliziert, daß die für die Übermittlung dieser Kraft verantwortlichen Botenteilchen eine relativ große Masse aufweisen müssen.

Erste Versuche, diese Kraft physikalisch zu erklären, wurden bereits in den dreißiger Jahren unternommen, wobei der japanische Physiker Yukawa, Botenteilchen vorsah, die zwischen den Nukleonen ausgetauscht werden. Seine Theorie vermochte sich jedoch nicht durchzusetzen, da sich die starke Kraft der mathematischen Beschreibung zunächst entzog. Die Schwierigkeiten waren darin begründet, daß die starke Kraft den Anschein erweckte, daß sie aus mehreren Kräften mit unterschiedlichen Eigenschaften bestünde. Diese Situation klärte sich erst durch die Konzeption der Quarktheorie. So sind etwa bei der Bindung eines Protons an ein Neutron stets sechs Quarks beteiligt, von denen jedes mit allen übrigen in Wechselwirkung steht. Dabei wird der größte Teil der starken Kraft für das Innere der betreffenden Nukleonen und nur ein vergleichweise geringer Teil für die Bindung der Nukleonen untereinander verwandt. Als Botenteilchen fungieren hier die sogenannten Gluonen.

Betrachten wir nun die genannten Zusammenhänge ein wenig genauer. Die vermeintliche Verletzung des Pauli'schen Ausschlußprinzips konnte, wie gesagt, durch die Einführung der Farbquantenzahl

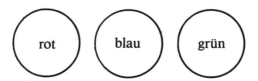

**Bild 22:** **Für die starke Kraft sind Farbladungen verantwortlich, die durch drei verschiedene Quarkarten, nämlich die roten, die blauen und die grünen Quarks erklärt werden.**

vermieden werden. Dabei wurde der Begriff der Farbladung der Quarks eingeführt. Danach treten die Quarks in drei verschiedenen Konstellationen in Erscheinung, die man als „Farbe" bezeichnet, obgleich sie mit den Farben im alltäglichen Sinne nichts gemein haben. Diese Farbkonstellationen werden ebenso willkürlich als rot, blau und grün bezeichnet. Man unterscheidet also zwischen roten (r), blauen (b) und grünen (g) Quarks (vgl. Bild 22). Ihre Farbladungen stellen die Quelle der Botenteilchen der starken Kraft, d. h. der Gluonen dar. In Anlehnung an die elektrischen Ladungen kann man im Falle der Farbladungen die folgenden Regeln aufstellen:

Das Zusammentreffen einer Farbladung mit der entsprechenden Antifarbladung ergibt ein neutrales (n) oder farbloses Objekt. Es gilt also:

$$r + \bar{r} = n$$
$$b + \bar{b} = n$$
$$g + \bar{g} = n$$

Das gleiche gilt, wenn alle drei Farbladungen bzw. Antifarbladungen zusammentreffen (vgl. Bild 23). In diesem Falle gilt:

$$r + b + g = n$$
$$\bar{r} + \bar{b} + \bar{g} = n$$

Hier gilt also das gleiche wie beim natürlichen Licht, wo durch die Mischung von Rot-, Blau- und Grünlicht, Weißlicht, d.h. farbloses oder „neutrales" Licht entsteht.

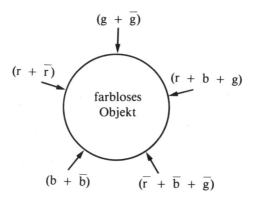

**Bild 23: Farbladungen und die Regeln, die zu einem farblosen Objekt führen.**

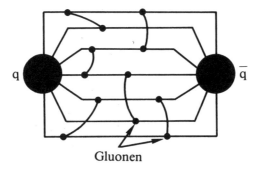

**Bild 24: Die Wechselwirkungen zwischen den Quarks entstehen durch den Austausch von Botenteilchen, den sogenannten Gluonen. Letztere erzeugen jedoch auch Wechselwirkungen untereinander, was das Gesamtbild kompliziert gestaltet.**

Auch die Gluonen selbst weisen Farbladungen, und zwar von zweierlei Art auf. So sind sie in der Lage, einem Quark eine Farbladung entweder zu nehmen oder zu geben. Auf diese Weise kann beispielsweise ein rotes Quark durch ein Gluon in ein grünes Quark

78

verwandelt werden. Diese Fähigkeit der Gluonen hat eine wichtige Konsequenz. Sie besteht darin, daß Wechselwirkungen nicht nur zwischen Quarks, sondern auch zwischen den Gluonen selbst stattfinden, wie es Bild 24 am Beispiel eines Quarks q und des zugehörigen Antiquarks q̄ zeigt. Vereinfacht gesprochen, kann die starke Kraft, die durch die Gluonen ausgeübt wird, durch eine Art Stahlfeder veranschaulicht werden, welche die Teilchen zusammenhält (vgl. Bild 25). Befinden sich die betreffenden Teilchen sehr nahe beieinander, so lockert sich die Feder, bis es schließlich den Anschein hat, daß sie überhaupt nicht existiert. Versucht man dagegen die Teilchen voneinander zu entfernen, so spannt sich die Feder und verhindert ihre Trennung. Nehmen wir an, wir versuchen, ein Meson, das aus einem Quark-Antiquark-Paar besteht (vgl. Bild 26), in seine Bestandteile zu zerlegen. Der Umstand, daß seine Bestandteile durch die genannte Feder miteinander

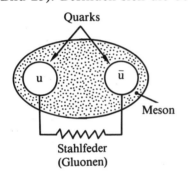

**Bild 25: Die starke Kraft kann durch eine Art Stahlfeder repräsentiert werden, die die beteiligten Teilchen, z. B. zwei Quarks, zusammenhält.**

verbunden sind, zwingt uns dazu, eine bestimmte Energie aufzuwenden, um die Feder zu zerreißen. Je mehr Energie wir jedoch aufwenden, desto stärker wird die Feder gestreckt und desto größer wird die Entfernung zwischen den beteiligten Quarks. Gelingt es uns, genügend Energie in das System „hineinzupumpen", so zerreißt die Feder, doch entstehen zugleich zwei neue Mesonen (vgl. Bild 26 unten). Die aufgewandte Energie ist also in Materie verwandelt worden; und hierin liegt der Grund, warum keine freien Quarks beobachtet werden können.

Man kann sich die genannte Feder auch als einen Magnet vorstellen, der stets einen Nord- und einen Südpol aufweist. Versucht man diesen Magneten zu teilen, so entstehen fortlaufend kleinere Magneten, die ihrerseits einen Nord- und einen Südpol aufweisen. Magnete mit einem einzigen Pol, d. h. sogenannte Monopole, gibt es ungeachtet diesbezüglicher Kontroversen unter den Fachleuten in der Natur nicht.

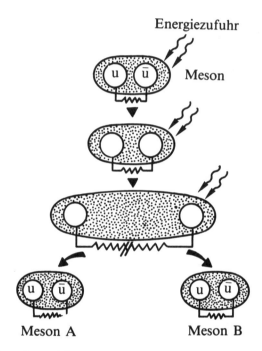

**Bild 26: Der Versuch, zwei Quarks zu trennen, führt zur Erzeugung neuer Quarkpaare; und darin liegt der Grund, daß keine freien Quarks in der Natur vorkommen.**

# 6 Radioaktivität und die schwache Kraft

Das Atomzeitalter hat den Begriff der Radioaktivität so publik gemacht, daß er heute wohl kaum jemandem mehr unbekannt ist. Dabei handelt es sich um eine Naturerscheinung, die im Rahmen des Werdens und Vergehens der materiellen Welt kein ungewöhnliches Phänomen darstellt.

Radioaktivität ist ein anhaltender Zerfall von Materie. Dabei werden aus Atomkernen Teilchen bzw. Strahlung emittiert, was zu einer Umgestaltung der Atomkerne selbst führt. Hier finden mit anderen Worten Verwandlungen chemischer Elemente statt.

Die Anfänge der wissenschaftlichen Auseinandersetzung mit der Radioaktivität reichen bis in das Ende des 19. Jahrhunderts zurück, als Conrad Wilhelm Röntgen (1845 - 1923), damals Professor der Physik in Würzburg, die X-Strahlen entdeckte (Ende des Jahres 1885). Dabei handelte es sich um die heute wohlbekannten Röntgenstrahlen, die sowohl in der Medizin als auch in zahlreichen industriellen und anderen Bereichen unserer hochtechnisierten Welt Verwendung finden.

Die Nachricht ihrer Entdeckung verbreitete sich wie ein Lauffeuer unter den zeitgenössischen Naturwissenschaftlern, und so ist es nicht verwunderlich, daß sich bereits wenige Wochen später, am 20. Januar 1886, die Pariser Akademie der Wissenschaften in einer eilends organisierten Sondersitzung mit der brisanten Thematik befaßte. Voller Stolz präsentierten bei dieser Gelegenheit zwei Ärzte die Röntgenaufnahme einer menschlichen Hand.

Daß auch die Physiker ein starkes Interesse an den neu entdeckten Strahlen hatten, lag auf der Hand, da diese Strahlen geeignet schienen, Geheimnisse des atomaren Aufbaus der Materie zu enthüllen. Unter den Teilnehmern der Akademiesitzung befand sich auch Henri Becquerel (1852 - 1908), damals Professor der Pariser École Polytechnique, der ein besonderes Interesse für die neuartigen Strahlen bekundete. Wie sein Vater Physiker, war er insbesondere an der physikalischen Seite des Phänomens interessiert. Bereits am 24. Februar desselben Jahres konnte er zeigen, daß Kristalle von Natriumanylsulfat eine Photoplatte schwärzen, sobald sie dem Sonnenlicht ausgesetzt wird. Wenig später konnte er berichten, daß die Schwärzung auch ohne Beteiligung des Sonnenlichtes eintritt, was wiederum bedeutete, daß die betreffende Substanz selbst Strahlen emittiert. Damit war die natürliche Radioaktivität entdeckt. Die Zeitgenossen schenkten der folgenreichen Entdeckung jedoch nur geringe Aufmerksamkeit, und lange Zeit hatte es den Anschein, daß sich allein Becquerel für die brisante Thematik interessierte.

Erscheinungen der beschriebenen Art wurden in der Folgezeit auch von der polnischen Physikerin Marie Curie (1867 - 1934) und ihrem Mann Pierre Curie (1859 - 1906) beobachtet, denen die Entdeckung der radioaktiven Elemente Radium und Polonium gelang. Es folgte die Entdeckung weiterer radioaktiver Elemente. Die Untersuchung ihrer Strahlungen ergab, daß sie weder durch den Druck noch durch die Temperatur beeinflußt werden, denen die betreffenden Substanzen ausgesetzt sind. Die Erscheinung mußte daher unmittelbar mit dem Kern der betreffenden Atome zusammenhängen. Zugleich stellte man fest, daß die Emission aus Heliumkernen ($\alpha$-Strahlen), Elektronen ($\beta$-Strahlen) und elektromagnetischen Strahlen ($\gamma$-Strahlen) besteht. Überdies konnte man nachweisen, daß ein und dieselbe radioaktive Substanz niemals $\alpha$- und $\beta$-Strahlen zugleich emittiert, während $\alpha$-Strahlen häufig von $\gamma$-Strahlen begleitet sind.

Stammen die genannten Strahlen aber aus den Atomkernen, so müssen sich diese mit der Zeit verändern. Die Folgerung, die man bis dahin für unzulässig hielt, sollte sich in der Tat bestätigen. Später konnten derartige Verwandlungen selbst künstlich hervorgerufen werden, was die Entdeckung der künstlichen Radioaktivität bedeutete. Initiator hierfür war Ernst Rutherford, die bahnbrechende Entdeckung aber machte das Ehepaar Frédéric Joliot (1900 - 1958) und Irène Joliot-Curie (1897 - 1956).

Im Verlauf der Untersuchungen vertiefte sich die Kenntnis der unterschiedlichen Strahlenarten, die bei der natürlichen wie bei der künstlichen Radioaktivität auftreten und man gewann erste Einsichten in ihre Wirkung auf den menschlichen Körper. Der Ursache der Radioaktivität sollte man jedoch erst weitaus später auf die Spur kommen. Sie liegt in der sogenannten schwachen Kraft begründet, deren Botenteilchen man erst in jüngster Zeit experimentell nachzuweisen vermochte.

Bevor wir uns diesem Thema zuwenden, seien ein paar Worte über die genannten $\alpha$-, $\beta$- und $\gamma$-Strahlen bzw. den $\alpha$-, $\beta$- und $\gamma$-Zerfall gesagt.

Beim $\alpha$-Zerfall werden aus den betroffenen Atomkernen Heliumkerne (2 Protonen + 2 Neutronen) emittiert. Der dadurch umgewandelte Kern weist also eine um zwei geringere Kernladungszahl und eine um vier geringere Massenzahl auf. Betrachten wir zur Veranschaulichung das Uranisotop mit der Kernladungszahl 92 und der Massenzahl 228 ($^{228}_{92}$U). Sobald aus diesem Isotop ein Heliumkern emittiert wird, reduziert sich seine Kernladungszahl um zwei, seine Massenzahl um vier. Es entsteht mithin das Element Thalium ($^{224}_{90}$Th). Wird ein weiteres Alphateilchen emittiert, so reduzieren sich Kernladungs- und Massenzahl entsprechend und es entsteht das Element Radium ($^{220}_{88}$Ra). Die anschließenden Elemente sind Radon ($^{216}_{86}$Rn) und Polonium ($^{212}_{84}$Po).

Wie kommt es aber zu dem $\alpha$-Zerfall, durch den ganze Heliumkerne aus den Atomkernen der betroffenen Elemente herausgeschleudert werden? Die Erklärung dieser Erscheinung bereitete vor der Konzeption der Quantentheorie unüberwindliche Schwierigkeiten. Heute ist dieser Emissionsmechanismus dagegen wohlbekannt. Er stützt sich auf den sogenannten quantenmechanischen Tunneleffekt. Danach kann sich (mit geringer Wahrscheinlichkeit) ein Teilchen auch an einem Ort mit höherer potentieller Energie befinden, als es seine Gesamtenergie erlaubt. Der Erhaltungssatz der Energie darf also kurzzeitig verletzt werden, sofern der Gesamtprozeß in dem von der genannten Unschärferelation erlaubten Rahmen bleibt. Daß $\alpha$-Teilchen und nicht ihre Bestandteile, d. h. Protonen und Neutronen emittiert werden, hängt mit ihrer hohen Bindungsenergie zusammen, die eine Trennung der einzelnen Nukleonen nicht zuläßt.

Beim $\beta$-Zerfall werden von den betroffenen Atomkernen Elektronen emmittiert. Dabei unterscheidet man zwischen dem Beta-Minus-($\beta^-$-) und dem Beta-Plus- ($\beta^+$-)Zerfall. Im ersten Fall wird ein Elektron emittiert, wodurch sich die Kernladungszahl des betreffenden Elements um eine Einheit erhöht. Damit rückt aber dieses Element im Periodensystem um eine Stelle nach rechts. Im zweiten Fall wird ein Positron emittiert, wodurch sich die Kernladung des Elements um eine Einheit vermindert. Damit rückt das betreffende Element im Periodensystem um eine Stelle nach links. Gleichzeitig löst sich aus der Elektronenhülle ein überschüssiges Elektron. Da Atomkerne keine Elektronen enthalten, müssen diese aus den vorhandenen Nukleonen hervorgehen. Dies geschieht durch den Zerfall von Protonen bzw. Neutronen (vgl. Bild 27), wobei die folgenden Zerfallsprodukte entstehen:

$$n \rightarrow p^+ + e^- + v^-$$
$$p^+ \rightarrow n + e^+ + v$$

Darin bedeuten:

$p^+$ = Proton

n   = Neutron

$e^-$ = Elektron

$e^+$ = Positron (Antielektron)

$v$   = Neutrino

$v^-$ = Antineutrino

Beim $\gamma$-Zerfall ändert der betrefffende Atomkern weder seine Masse noch seine Ordnungszahl. Es wird lediglich Energie in Form von Photonen emittiert. Dazu muß aber der Kern zuvor in angeregtem Zustand gewesen sein, was durch einen vorangehenden $\alpha$- oder $\beta$-Zerfall bedingt sein kann.

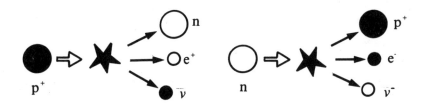

**Bild 27: Der Zerfall eines Protons bzw. eines Neutrons und die resultierenden Zerfallsprodukte.**

Die Energie der $\gamma$-Strahlung wird meistens in keV oder MeV angegeben. Im Unterschied zu den Atomhüllen können die Energieniveaus der Atomkerne jedoch einstweilen nicht quantitativ vorausbestimmt werden, da man die Kernkräfte nur unzureichend kennt. Die Messung der Energie der $\gamma$-Strahlung von Atomkernen ist daher eines der wichtigsten Hilfsmittel, um Aufschluß über die Natur der Kernkräfte zu gewinnen.

Der Umstand, daß überhaupt Teilchenzerfälle stattfinden, die weder mit der elektromagnetischen noch mit der starken Kraft zu erklären sind, führte zu der Annahme einer weiteren Naturkraft, der sogenannten schwachen Kraft, die von speziellen Botenteilchen übermittelt wird. Dieser Gedanke geht bereits auf das Jahr 1938 zurück, als Enrico Fermi erste Überlegungen zur Erklärung der beobachteten Phänomene anstellte. Da man bereits damals davon ausging, daß die postulierte Naturkraft wie die starke Kraft über eine nur geringe Reichweite verfügt, nahm man vergleichsweise schwere Botenteilchen an. An ihre Stelle traten in der Folge die sogenannten Weakonen, speziell das $W^+$-, $W^-$- und das $Z^0$-Teilchen. Diese Botenteilchen blieben aber für lange Zeit reine Theorie. Erst zu Beginn der siebziger Jahre erbrachten Beobachtungen von Teilchenzerfällen und Untersuchungen von Neutronenstrahlen experimentelle Anhaltspunkte für ihre reale Existenz. Dabei handelte es sich in beiden Fällen um physikalische Vorgänge, bei denen nur $W^+$- und $W^-$-Teilchen emittiert werden.

Auf der Suche nach geeigneten Experimenten, auch zum Nachweis des Z⁰-Teilchens dachte man zu Beginn der siebziger Jahre beim Genfer CERN (Conseil Européen de la Recherche Nucléaire) an eine Reaktion, die durch die einfache Kollision eines Elektrons oder eines Atomkerns mit einem Myon-Neutrino hervorgerufen würde. Sinnvoller wäre aber die Kollision zwischen einem Proton und einem Antiproton gewesen, die zur Emission aller drei Arten von Weakonen geführt hätte (vgl. Bild 28). So konnten die betreffenden Botenteilchen Anfang der achtziger Jahre beim CERN in der Tat experimentell nachgewiesen werden.

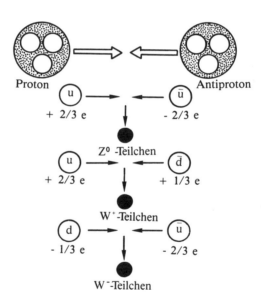

**Bild 28: Durch Zusammenstöße von Protonen und Antiprotonen können die Botenteilchen der elektroschwachen Kraft erzeugt werden.**

Für die Entdeckung der Weakonen erhielt Carlo Rubbia (* 1934) zusammen mit Simon van der Meer (* 1952), der die dafür erforderliche Apparatur entwickelte, im Jahre 1984 den Nobelpreis für Physik.

# 7 Materiebildung

Wenn es um die Bildung der Materie geht, denkt man automatisch an die Anfänge der Weltentstehung.

Gedanken dieser Art haben sicherlich auch unsere Vorfahren angestellt. Da es aber zu ihrer Zeit keine Naturwissenschaft im heutigen Sinne gab, suchten sie die Erklärung in anfangs magischen, später mythologischen Vorstellungen und Entwürfen. In unseren Tagen geht man dagegen davon aus, daß der Beginn der Weltentstehung an den sogenannten Urknall geknüpft ist. Dieser „Vorgang" beschreibt die Explosion eines Uratoms, die Urenergie freisetzte, aus der anschließend in einem langwierigen und komplizierten Prozeß die materielle Welt entstand. Wie dieser Prozeß verlief, ist der modernen Physik größtenteils bekannt. Wenigstens von einem Zeitpunkt an, der die sogenannte Planck'sche Zeit repräsentiert ($10^{-43}$ s), vermag die moderne Naturwissenschaft diese Entwicklung weitgehend

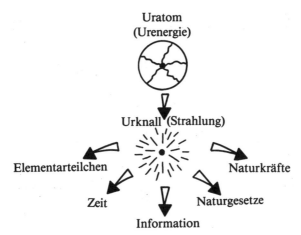

**Bild 29: Am Anfang war die Urenergie in ein Uratom eingeschlossen. Durch die Urexplosion, den sogenannten Urknall, wurde sie freigesetzt und damit die Weltentstehung eingeleitet.**

nachzuvollziehen. Was vor diesem Zeitpunkt geschah, bleibt weiterhin Gegenstand der Spekulation. Auch der Charakter des Uratoms entzieht sich einstweilen der wissenschaftlichen Beschreibung. Möglicherweise muß man mit einer fortwährenden Bildung von Energiekonzentrationen rechnen, die zur Bildung von Uratomen führt. Sobald eine kritische Dichte erreicht ist, explodiert das eine oder andere Uratom und setzt die Energie frei, die die Vorraussetzung der Materiebildung der einen oder anderen Welt ist.

Gewiß dürfen Überlegungen dieser Art keinen wissenschaftlichen Charakter beanspruchen. Sie sind jedoch unvermeidlich, wenn man der Erklärung der Weltentstehung überhaupt nähertreten will. Dabei beschränkt sich der spekulative Bereich auf die genannte Zeit von $10^{-43}$ s. Vor diesem Zeitpunkt liegt die sogenannte Quantenkosmologie, über die die moderne Physik keine Aussage zu treffen wagt. Raum und Zeit waren zu dieser Zeit „zusammengeschmolzen", so daß es weder „jetzt" noch „dann", weder „hier" noch „dort" gab. Spätere Phasen der Entwicklung lassen sich dagegen theoretisch nachvollziehen, so daß die Materiebildung auf kosmischer Ebene mit einiger Genauigkeit wissenschaftlich erfaßbar ist.

Im Augenblick der Urexplosion fand eine ungeheure Energieausbreitung in alle „Richtungen" statt, d. h. es entstand, was wir heute Strahlung nennen. Diese Strahlung bestand aus hochenergetischen, d. h. sehr heißen Photonen. Nach Ablauf der Planck'schen Zeit, d. h. zum Zeitpunkt $t = 10^{-43}$ s lag die Temperatur bei etwa $10^{32}$ K. Photonen mit derart hohen Temperaturen besitzen eine ungeheure Energie, da Temperatur und Energie durch die einfache Beziehung $E = k \cdot T$ verbunden sind. Darin bedeuten:

E = Energie (Joule)
k = Boltzmann'sche Konstante ($1{,}38 \cdot 10^{-23}$ Joule/K)
T = Temperatur (K)

Je heißer also ein Photon ist, desto größer ist seine Energie, was zugleich eine entsprechend hohe Frequenz bedeutet. Je höher demnach die Frequenz der Strahlung ist, desto größer ist die Energie der Photonen, aus denen sie besteht. Dabei gilt die bereits genannte Beziehung $E = h \cdot \nu$.

Die Urstoffe der antiken Denker - das Wasser des Thales, das Apeiron des Anaximander, die Luft des Anaximenes und das Feuer des Heraklit - sind also durch die Energie ersetzt worden, d. h. durch Photonen, die struktur- und massenlose Gebilde repräsentieren. Ihre Energie verdanken sie allein ihrer Bewegung. Ruhende Photonen weisen keine Energie auf. Sie sind überhaupt nicht vorstellbar.

Unmittelbar nach dem Ablauf der Planck'schen Zeit, in der die Temperatur etwa $10^{32}$ K betrug, war die Photonenenergie so hoch, daß die „Photonensuppe" von einer einzigen Naturkraft, der sogenannten Urkraft, beherrscht war, aus der die genannten Naturkräfte (starke, schwache, elektromagnetische und Gravitationskraft) hervorgingen. In der Zwischenzeit herrschte anscheinend eine weitere Kraft, die sogenannte X-Kraft, die eigentlich für die Entstehung der Materie verantwortlich gemacht wird. Dabei stellt man sich die An-

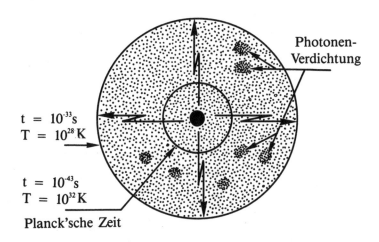

Photonen-
Verdichtung

$t = 10^{-33}$ s
$T = 10^{28}$ K

$t = 10^{-43}$ s
$T = 10^{32}$ K

Planck'sche Zeit

**Bild 30: Uranfänge der Materiebildung durch zufällige Photonenverdichtungen und die Wirkung der X-Kraft.**

fänge folgendermaßen vor: In der allerersten Zeit gab es zufällige Fluktuationen bzw. ungleichmäßige Verteilungen der zahlreichen, überaus heißen Photonen, die dazu führten, daß sich diese an manchen Stellen sehr nahe kamen (vgl. die Photonenverdichtungsstellen in Bild 30). Dies war die Voraussetzung für die Wirkung der X-Kraft, die als einzige aller Naturkräfte allein in einer Distanz von $10^{-29}$ cm wirksam ist. Dabei wird sie durch sogenannte X-Teilchen vermittelt, die eine enorme Masse von $10^{15}$ GeV aufweisen sollen.

Zufällige Photonenverdichtungen in Verbindung mit der X-Kraft stellen also die Voraussetzung für die Bildung der ersten Teilchen dar. Dabei müßte es sich eigentlich um Elementarteilchen, d. h. strukturlose Teilchen handeln, deren Entstehung relativ kleine Energiemengen erfordert. Hinzu ist zu berücksichtigen, daß die X-Kraft nicht nur die Eigenschaft aufweist, auf kürzeste Distanz zu wirken, sondern auch die Fähigkeit besitzt, Teilchenumwandlungen vorzunehmen. So kann sie beispielsweise ein Quark in ein Antiquark oder ein Lepton z. B. ein Elektron in ein Positron umwandeln.

Solange die X-Kraft wirksam war, konnte sie in der „Photonensuppe" die unterschiedlichsten Veränderungen hervorrufen. Dieser Zustand dauerte an, solange die Photonentemperatur wenigstens der äquivalenten Energie der X-Teilchen, d. h. $10^{15}$ GeV entsprach. Da $10^{28}$ x 0,000086 eV * = $8,6 \cdot 10^{23}$ eV $\approx 10^{15}$ GeV ist, entspricht diese Energie einer äquivalenten Temperatur von etwa $10^{28}$ K. Temperaturen dieser Größenordnung herrschten bis zum Zeitpunkt t = $10^{-33}$ s nach der Urexplosion.

Bei niedrigeren Photonentemperaturen sind die X-Teilchen wie ihre Antiteilchen ($\overline{X}$-Teilchen) nicht mehr stabil, d. h. sie beginnen unmittelbar nach ihrer Entstehung zu zerfallen, wodurch Quarks und Antiquarks sowie Elektronen und Positronen entstehen. Ein X-Teilchen erzeugt beispielsweise mehrere Positronen ($e^+$) und mehrere d-Antiquarks ($\overline{d}$). Ein $\overline{X}$-Teilchen erzeugt dagegen mehrere Elektronen ($e^-$) und mehrere d-Quarks (vgl. Bild 31). Durch solche Teilchenumwandlungen allein kann jedoch aus Energie keine Mate-

* 1 K $\triangleq$ 0,000086 eV

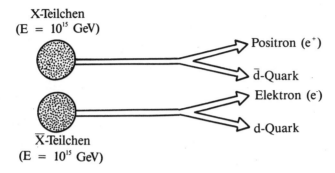

**Bild 31: Der XX̄-Teilchenzerfall stellt die Anfänge der Materiebildung dar.**

rie gebildet werden, da die Anzahl der erzeugten Teilchen aus Symmetriegründen der Anzahl der erzeugten Antiteilchen entspricht. Hier muß sich also etwas Außergewöhnliches abgespielt haben, das ein Überwiegen der Teilchen über die Antiteilchen garantiert. Dieses Phänomen bezeichnet man heute als „Symmetriebrechung".

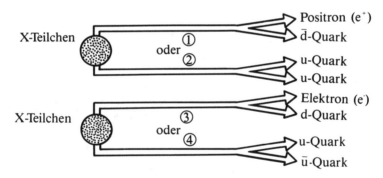

**Bild 32: Der XX̄-Teilchenzerfall kann sowohl Quark-Leptonen als auch nur Quarks erzeugen.**

Betrachten wir jedoch zunächst den Zerfall der XX̄-Teilchen anhand der Darstellung des Bildes 32, die die vollständige Version der Darstellung des Bildes 31 enthält. Durch den XX̄-Teilchenzerfall können sowohl $e^+\bar{d}$ - als auch uu-Kombinationen (X-Teilchen) bzw. sowohl e⁻d- als auch u̅u̅-Kombinationen (X̅-Teilchen) entstehen. Derartige Zerfälle können jedoch unter Berücksichtigung der sogenannten CP-Verletzung dazu führen, daß der eine Zerfallsprozeß schneller als der andere verläuft, so daß es zu einem geringen Quarküberschuß kommen kann. Im Extremfall kann es sogar dazu kommen, daß allein die Zerfallsprozesse 2 und 3 (vgl. Bild 33) vorkommen, so daß allein Quarks und Elektronen, d. h. allein Materie übrig bleibt. Eben darin liegt der Grund, warum im Prozeß der Weltentstehung die Bildung der Materie überwog.

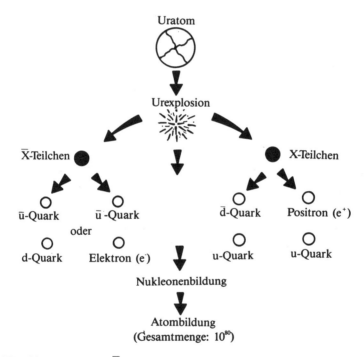

**Bild 33: Urenergie, XX̅-Teilchen und die Anfänge der Materiebildung.**

Als das frühe Universum ein Alter von $10^{-3}$ s erreichte, betrug die Temperatur etwa $10^{12}$ K. Die bereits reichlich vorhandenen Quarks waren also soweit abgekühlt, daß ihre kinetische Energie ihrer Zusammenballung nicht mehr im Wege stand. Näherten sie sich einander auf eine Entfernnung von $< 10^{-13}$ cm, so wurden sie durch die starke Kraft aneinandergebunden, wodurch Protonen bzw. Neutronen entstanden. Die Frage, warum diese Teilchen aus drei (und nicht beispielsweise aus vier) Quarks zusammengesetzt sind, hat heute eine plausible Erklärung gefunden. Zwei Quarks stoßen einander ab, auch wenn sie sich einander auf eine geringe Entfernung nähern. Erst die Dreierkombination von Quarks unterschiedlicher Farbladungen (rot, blau, grün) führt zur Entstehung eines farbneutralen Gebildes. Für die Entstehung der genannten Teilchen ist daher die Farbladung der Quarks von entscheidender Bedeutung.

Einen wichtigen Einschnitt in der Entwicklung des frühen Universums stellt die Zeitspanne zwischen $10^{-2}$ und 1 s nach dem Urknall dar. Während dieser Zeit sank die Temperatur des Universums von $10^{12}$ auf $10^{10}$ K. Dabei war die Expansion so gering, daß die Materiedichte beträchtliche Werte annahm. So wog etwa ein Fingerhut Materie zu dieser Zeit nicht weniger als 10 000 Tonnen! Die wichtigste Rolle spielte auch in diesem Fall die Temperatur. Werte von einigen Milliarden Grad Kelvin reichen aus, um Elektron-Positron-Paare entstehen zu lassen, die sich allerdings beständig gegenseitig vernichten. Es herrschte mit anderen Worten ein reger Energieaustausch zwischen Elektron-Positron-Paaren, Photonen und Neutrinos. Dabei stellten Nukleonen eine eher seltene Erscheinung dar. Auf eine Milliarde von Elektronen, Photonen und Neutrinos entfiel nicht mehr als ein Nukleon. Zwischen Leptonen und Nukleonen, d. h. zwischen leichten und schweren Teilchen, bestand somit ein Verhältnis von $10^9$ : 1. Die wenigen vorhandenen Nukleonen kollidierten jedoch fortwährend mit den Leptonen. Handelte es sich um ein Neutron, so griff es nach einem Positron, und es entstand ein Proton. Handelte es sich um ein Proton, so griff es nach einem Elektron, und es entstand ein Neutron (vgl. Bild 34). Am Ende der genannten Zeitspanne, die als Leptonen-Ära bezeichnet wird, betrug das Verhältnis von Protonen und Neutronen 1 : 1. Es herrschte also eine Art Gleichgewicht, das jedoch nicht von Dauer sein konnte. Die Masse des Neutrons liegt, wie wir gesehen haben, geringfügig über der Masse des Protons. Zur Entstehung eines Neutrons ist also etwas mehr Energie erforderlich als zur Erzeugung eines Protons. Das hat zur Folge, daß sich mit der Zeit das Verhältnis von Protonen und Neutronen zugunsten der Protonen verlagerte. Am Ausgang der Leptonen-Ära gab es also mehr Protonen als Neutronen.

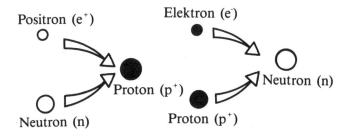

**Bild 34: Im Verlauf der Leptonen-Ära fanden unter der Beteiligung von Positronen und Elektronen fortwährend Nukleonen-Umwandlungen statt.**

Mit fortschreitender Expansion des Universums erreichte die Temperatur Werte der Größenordnung von $5 \cdot 10^{10}$ K. Da auch diese Temperaturwerte noch sehr hoch waren, änderte sich an der Zusammensetzung der „Ursuppe" nur wenig. Es existierten daher darin weiterhin Nukleonen, Elektronen, Neutrinos, Antineutrinos und selbstverständlich Photonen. Bild 35 zeigt, welche Teilchenreaktionen während dieser Epoche stattfinden konnten. Neutronen reagierten danach mit Neutrinos, Protonen mit Antineutrinos, und es entstanden auf diese Weise Protonen, Neutronen, Elektronen und Positronen.

94

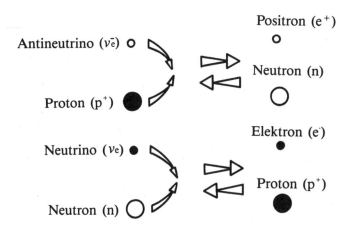

**Bild 35: Mögliche Teilchenreaktionen bei Temperaturen der Größenordnung von $10^{11}$ K.**

Mit der weiteren Expansion des Universums und dem entsprechenden Absinken der Temperatur auf etwa $10^{10}$ K setzte ein neuer Prozeß ein, der darin bestand, daß Neutrinos und Antineutrinos begannen, sich wie freie Teilchen zu bewegen. Der Umstand, daß sich die Temperatur allmählich dem Schwellenwert zur Erzeugung von Elektronen und Positronen näherte, hatte zur Folge, daß sich diese Teilchen gegenseitig schneller vernichteten, als sie aus Strahlung erzeugt werden konnten.

Die fortschreitende Expansion des Universums und die damit einhergehende Abnahme der Temperatur hatte eine weitere Verschiebung des Verhältnisses zwischen Protonen und Neutronen zur Folge. Bei einer Temperatur von etwa $5 \cdot 10^9$ K überwogen somit die Protonen um etwa 75 %.

Auch diese Temperatur war jedoch zu hoch, als daß sich durch die Vereinigung von Nukleonen Atomkerne hätten bilden können. Dieser Prozeß konnte erst einsetzen, als die Photonentemperatur einen Wert der Größenordnung von $10^9$ K erreichte. Zu diesem Zeitpunkt war ihre kinetische Energie beträchtlich gesunken, so daß Nukleonen, die durch Kollision zusammentrafen, auch zusammenbleiben konnten. Die Vereinigung eines Protons und eines Neutrons führte zur Bildung eines Deuterons, wie es Bild 36 oben veranschaulicht. Mit der Entstehung derartiger Atomkerne war, wenngleich nicht ohne Umwege, der Weg zur Entstehung von Heliumkernen geebnet.

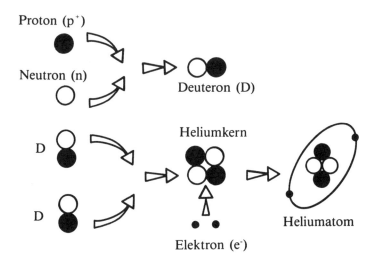

Proton (p⁺)

Neutron (n)

Deuteron (D)

Heliumkern

D

D

Elektron (e⁻)

Heliumatom

**Bild 36: Die Vereinigung eines Neutrons mit einem Proton führt zur Entstehung eines Deuterons (Deuteriumkern). Durch die Vereinigung zweier Deuteronen entsteht ein Heliumkern. Kommen zwei Elektronen hinzu, so entsteht ein Heliumatom.**

Trifft nämlich ein Deuteron mit einem Proton zusammen, so kann ein Helium-Isotop, das sogenannte Helium-drei entstehen, d. h. ein Kern, der aus zwei Protonen und einem Neutron besteht. Trifft dagegen ein Deuteron mit einem Neutron zusammen, so entsteht ein Wasserstoff-Isotop, das sogenannte Tritium, dessen Kern aus zwei Neutronen und einem Proton besteht. Trifft im Anschluß ein Helium-drei mit einem Neutron oder einem Tritiumkern mit einem Proton oder zwei Deuteronen zusammen, so entstehen Heliumkerne, die aus zwei Protonen und zwei Neutronen bestehen (vgl. Bild 36 unten). Prozesse dieser Art können jedoch erst dann eintreten, wenn zuvor die Bildung von Deuteronen stattgefunden hat. Sind erst einmal Heliumkerne gebildet, so bleiben sie auch bestehen, weil die Bindungsenergie ihrer Nukleonen (die aus der starken Kraft resultiert) relativ groß ist. Sie gewährleistet, daß sie auch dann nicht auseinanderbrechen, wenn Temperaturen von mehr als $10^9$ K auftreten. Die Zwischenprodukte Tritium, Helium-drei und speziell die Deuteronen weisen dagegen schwächere Bindungskräfte auf, was wiederum bedeutet, daß sie sich bei einer Temperatur von $10^9$ K unmittelbar nach ihrer Entstehung wieder in ihre Bestandteile auflösen. Das Feld beherrschten also während dieser Periode der Kosmogenese neben Protonen, Neutronen, Elektronen, Neutrinos und Photonen in erster Linie Heliumkerne.

Mit der weiteren Expansion des Universums sank die Temperatur unter die Grenze von $10^9$ K, was zur Folge hatte, daß die Photonenenergie zur Bildung von Elektronen und Positronen nicht mehr ausreichte. Deswegen begannen diese Teilchen mit der Zeit infolge ihrer gegenseitigen Vernichtung zu verschwinden. Es blieben lediglich die Elektronen, die aus dem ungleichen Verhältnis von Elektronen und Positronen resultierten.

Die weitere Expansion und Abkühlung des Universums hatte zur Folge, daß nach etwa 700 000 Jahren die sogenannte Rekombinationszeit anbrach, in der die Temperatur bei etwa 4000 K lag. Bei dieser Temperatur besaßen die in der vorausgehenden Periode entstandenen Teilchen keine allzu große kinetische Energie mehr, so daß sie bei den nach wie vor häufigen Kollisionen Paare bilden konnten. Traf beispielsweise ein elektrisch positiv geladenes Proton mit einem elektrisch negativ geladenen Elektron zusammen, so zogen sie einander an und vereinigten sich zu einem Wasserstoffatom (vgl. Bild 37). Die so entstandenen Atome hatten Bestand, weil zum einen die gegenseitige Anziehungskraft ihrer Konstituenten ausgeglichen war und weil es zum anderen keine starken externen Kräfte mehr gab, die sie zu trennen vermochten. Auch die bereits vorhandenen Heliumkerne zogen (je zwei) Elektronen an, wodurch das chemische Element Helium entstand (vgl. Bild 36).

Mit der Bindung der freien Elektronen an Helium- und Wasserstoffkerne und der Bildung von Helium- und Wasserstoffatomen wurde nun das Universum strahlungsdurchlässig. Es trat also eine Entkoppelung von Strahlung und Materie ein. Jede dieser Erscheinungsformen der Energie war hinfort eigenständig und konnte sich selbständig entfalten. Während sich beispielsweise die Strahlung in Gestalt von Photonen und Neutrinos manifestierte und das ganze Universum bis heute durchflutet, begann die Materie sich zu größeren Strukturen zu vereinigen.

Nach der Bildung der chemischen Elemente Wasserstoff und Helium legte allerdings die Natur eine längere „Verschnaufpause" ein, bis Großstrukturen in Gestalt von Galaxien und einzelnen Sternen gebildet werden konnten, welche gleichsam die „Küche" bilden, in der die schwereren und zugleich komplizierteren chemischen Elemente „gebraut" werden konnten. Wir wollen aber diese interessante Thematik an dieser Stelle verlassen und zum eigentlichen Gegenstand unserer Darstellung zurückkehren.

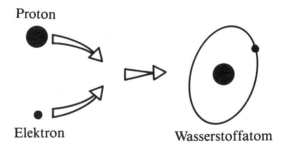

**Bild 37: Die Vereinigung eines Protons (p$^+$) und eines Elektrons (e$^-$) führt zur Entstehung von Wasserstoff, dem einfachsten, leichtesten und im Universum verbreitetsten chemischen Element.**

# 8 Die sterbende Materie

Nicht allein die zahlreichen Schöpfungsgeschichten, sondern auch die Naturwissenschaft nahm Jahrtausende hindurch an, daß die materielle Welt, wie wir sie heute wahrnehmen, statischen Charakter hat. Einzig Heraklit vertrat mit seiner Theorie des Wandels aller Dinge eine gegenteilige Auffassung. Ihre Richtigkeit wird durch die moderne Naturwissenschaft bestätigt, da nicht allein die belebte, sondern auch die unbelebte Natur wahrscheinlich dem Gesetz des Werdens und Vergehens unterworfen ist. Dies gilt offenbar auch für die Protonen, welche vorwiegend die stabile Materie repräsentieren. Die Suche nach der einheitlichen Feldtheorie (vgl. Kapitel 9) führt nämlich zu der theoretischen Erkenntnis, daß auch die stabile Materie „sterblich" ist. Sollte dies der Fall sein, so stellt sich zwangsläufig die Frage nach ihrer Lebensdauer. Die verschiedenen Konzeptionen einer einheitlichen Feldtheorie sehen diesbezüglich verschiedene Werte vor. Der Mittelwert liegt jedoch bei etwa $10^{31}$ Jahren. Das bedeutet, daß eine unendlich lange Zeit erforderlich ist, um überhaupt einen Protonenzerfall zu beobachten. Es ist mit anderen Worten nahezu unmöglich, ein solches Ereignis experimentell nachzuweisen. Glücklicherweise kann man an dieser Stelle die Statistik zu Hilfe rufen, nach der täglich ein gleichbleibender Anteil an Protonen zerfallen muß. Manche dieser Protonen zerfallen unmittelbar nach ihrer Entstehung, andere dagegen erst nach einem Vielfachen ihrer Halbwertzeit. Will man also den Protonenzerfall experimentell nachweisen, so muß man zum einen über eine hinreichende Protonenmenge, zum anderen über eine Methode verfügen, die es erlaubt, eventuelle Zerfälle zu beobachten und zu registrieren. Die erste dieser Voraussetzungen wird heute durch die Überwachung großer Mengen von Eisen oder Wasser erfüllt, die die erforderliche Protonenzahl von mindestens $10^{31}$ gewährleisten. Die Erfüllung der zweiten Voraussetzung ermöglicht die sogenannte Čerenkov-Strahlung, die bei solchen Zerfällen zwangsläufig entsteht. Die nach dem russischen Physiker Čerenkov benannte Strahlung tritt auf, wenn elektrisch geladene Teilchen sich sehr schnell bewegen. Derartige Teilchen erzeugen nämlich eine elektromagnetische Strahlung, und zwar mit einer kegelförmigen Wellenfront, wie sie Bild 38 zeigt. Diese Strahlung kann teilweise im optischen Bereich liegen, so daß sie bei genügender Verstärkung mit Hilfe empfindlicher Sensoren in Gestalt von Lichtblitzen beobachtet werden kann.

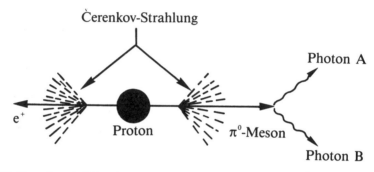

Bild 38: Einer der möglichen Protonenzerfälle und die Erzeugung der Čerenkov-Strahlung.

Einer der möglichen Protonenzerfälle führt zur Erzeugung eines Positrons ($e^+$) und eines neutralen Mesons ($\pi^0$), das seinerseits augenblicklich in zwei Photonen zerfällt (vgl. Bild 38). Gleichzeitig entsteht die genannte Čerenkov-Strahlung, die den Protonenzerfall bestätigt. Will man also derartige Zerfälle beobachten, so müssen die entsprechenden Experimente einerseits im Dunkeln, andererseits unterirdisch durchgeführt werden, damit die Höhenstrahlung keine Verfälschung der Ergebnisse verursachen kann.

Die ersten Experimente dieser Art wurden in den fünfziger Jahren von drei Amerikanern, den Physikern F. Reines, M. Goldhaber und C. Cowan durchgeführt, die allerdings eine kleine Wassermenge von nur 300 Litern benutzten. Darin liegt vielleicht der Grund für das

100

Scheitern des Experiments. Ihre Untersuchungen erbrachten jedoch den indirekten Nachweis, daß die Lebensdauer der Protonen mindestens $10^{22}$ Jahre beträgt.

**Bild 39: In der Kamioka-Zinkmine überwachen Japaner in einer Tiefe von 1000 m eine Wassermenge von 3000 t, um den Protonenzerfall festzustellen. Das Bild zeigt einen der zahlreichen Čerenkov-Strahlungsdetektoren.**

Gegenwärtig werden weltweit mehrere Projekte verfolgt, die das Ziel haben, den theoretisch postulierten Protonenzerfall experimentell zu beweisen. Im europäischen Raum läuft seit etlichen Jahren ein Experiment im 13 km langen Fréjus-Tunnel, der Frankreich mit Italien verbindet. Dort wird mit Hilfe einer aufwendigen Elektronik und den zugehörigen Detektoren fortwährend ein fast 1000 t schwerer Eisenblock auf das Auftreten der Čerenkov-Strahlung überwacht.

Bescheidener dimensionierte Experimente werden in einer Tiefe von 2300 m in den indischen Kolar-Goldminen sowie im Montblanc-Tunnel durchgeführt. Im einen Falle wird ein Eisenblock von 140 t, im anderen ein Eisenblock von 150 t überwacht. In Minnesota wird dagegen ein Eisenblock von 1084 t benutzt.

Anderenorts werden zum gleichen Zweck große Wassermengen verwendet. Ein Experiment, das derzeit gemeinsam von amerikanischen und japanischen Wissenschaftlern in der Kamioka-Mine durchgeführt wird, benutzt ein Wasserreservoir von 45 000 t. Im Gran Sacco-Tunnel bei Pescara, werden im Rahmen des „Icarus-Projekts" 6000 t flüssiges Argon benutzt.

Der Erfolg dieser und ähnlicher Experimente blieb einstweilen aus. Das bedeutet jedoch nicht, daß alle denkbaren Konzeptionen einer einheitlichen Feldtheorie grundsätzlich versagen. Als unzureichend erweisen sich lediglich die einfacheren Versionen. Daneben gibt es auch anspruchsvolle Konzeptionen, die eine weitaus größere Lebensdauer des Protons prognostizieren. Das aber würde bedeuten, daß wir kaum je die Gelegenheit bekämen, eine solche Theorie experimentell zu verifizieren. Ungeachtet dessen hofft man aber nach wie vor, den Zerfall des Protons zu beweisen. Sollte sich diese Hoffnung nicht erfüllen, wird man neue Wege einschlagen müssen. Einer davon vertraut auf die sogenannten magnetischen Monopole, welche unter Umständen den Zerfall von Protonen, auf die sie als eine Art Katalysator wirken, beschleunigen können. Dabei handelt es sich um merkwürdige Teilchen, die in der Natur bislang nicht festgestellt werden konnten, deren Existenz aber theoretisch postuliert wird.

Magnetismus beruht bekanntlich auf elektrischen Strömen, die auf atomarer Ebene innerhalb geschlossener Kreise wirken. Man hat es also mit elektrischen Schleifen zu tun, die einen Nord- und einen Südpol aufweisen. Magnete erscheinen mithin stets als Dipole. Ein Monopol, d. h. ein Magnet mit einem einzigen Pol, existiert nicht. Magnetische Ladungen erscheinen also in der Natur im Gegensatz zu elektrischen Ladungenn nicht einzeln, sondern stets paarweise.

Dies wurde bestätigt, sooft man den Versuch unternahm, einzelne magnetische Ladungen ausfindig zu machen. Das aber bedeutet, daß der Magnetismus eine Nebenerscheinung der Elektrizität repräsentiert, seine Eigenständigkeit gegenüber dieser mithin verliert. Diese Folgerung will die Physik jedoch nicht ohne weiteres annehmen. So konnte in den dreißiger Jahren Dirac zumindest theoretisch zeigen, daß auch magnetische Monopole eine Existenzberechtigung haben. Sollten sie existieren, so müssen sie eine magnetische Ladung tragen, die das Vielfache einer gegebenen Grundgröße ist. Diese Grundgröße wird ihrerseits von der elektrischen Elementarladung bestimmt. Rein theoretisch müssen also die magnetischen Monopole sehr schwere Teilchen mit einer Masse von etwa $10^{16}$ GeV repräsentieren, die in der Lage sind, Leptonen und Quarks ineinander zu verwandeln. Würde also ein solches Teilchen mit einem Proton zusammenstoßen, so würde letzteres gänzlich zertrümmert werden, wodurch zugleich Leptonen und Photonen erzeugt würden. Statt also auf den natürlichen „Tod" von Protonen zu warten, könnte man sie mit magnetischen Monopolen beschießen, um sie auf diese Weise unfehlbar zu „töten". Zu diesem Zweck braucht man lediglich Monopole mit Protonen in einem Raum zusammenzuschließen und die weitere Entwicklung abzuwarten. Leider blieb aber die Suche nach den theoretisch postulierten Teilchen einstweilen erfolglos, obgleich im Jahre 1978 eine verfrühte Siegesmeldung verkündete, sie seien in der kosmischen Strahlung doch nachgewiesen worden.

Die Hoffnung, sterbende Protonen zu beobachten, hat sich mithin bislang nicht erfüllt und es hat den Anschein, als sollte auch die nächste Zukunft keinen Fortschritt erbringen. Sollte dies das letzte Wort sein, so erheben sich ernsthafte Probleme physikalischer wie philosophischer Natur, da alle bisher entwickelten Konzeptionen einer einheitlichen Feldtheorie aufgegeben und durch neue ersetzt werden müssen. Überdies muß die herrschende Theorie des Urknalls und der anschließenden Bildung der Materie völlig überdacht werden.

# 9 Strings und Twistoren: Der Weg zur einheitlichen Feldtheorie

Die Vorstellung eines einzigen Urstoffs, aus dem das Universum erschaffen wurde ist, wie erwähnt, so alt wie das theoretische Denken der Menschheit überhaupt. Dabei wurden teils konkrete Stoffe wie Wasser oder Luft, teils abstrakte Begriffe wie das Apeiron als Urstoff angenommen. Allein Demokrit nahm die Atome und den leeren Raum als den Ursprung aller Dinge an. Heute glauben wir zu wissen, daß dieser Urstoff nichts anderes als die Urenergie ist, aus der der Makro-, der Mikro- und der Biokosmos, d. h. sowohl die unbelebte als auch die belebte Welt entstanden ist. Weiterhin wissen wir einigermaßen genau über die an der Weltentstehung beteiligten physikalischen Prozesse sowie über die Naturgesetze Bescheid, die das Universum im ganzen regieren. Eine einheitliche Theorie, die alle Naturerscheinungen erklärt, existiert jedoch bis heute nicht.

Die Naturwissenschaft hat stets davon geträumt, eine solche Theorie aufzustellen, und es sind zu allen Zeiten Anstrengungen unternommen worden, dieses Ziel zu erreichen. Einstein verbrachte z. B. mehrere Jahrzehnte über dem Versuch der Konzeption einer einheitlichen Feldtheorie. Sein Bemühen blieb jedoch ohne Erfolg, obgleich es zweimal so scheinen wollte, als hätte er sein Ziel erreicht. So zuerst im Jahre 1929, als er in Verbindung mit seinem fünfzigsten Geburtstag als Mitglied der Preussischen Akademie der Wissenschaften eine Mitteilung machte. Darin stützte er sich auf die Annahme, daß das vierdimensionale Raumzeit-Kontinuum außer einer Raumkrümmung, zusätzliche Eigenschaften aufweisen muß. Neugierig blickte damals die Fachwelt nach Berlin wo Einstein zu jener Zeit lebte und wirkte, doch sollte die Nachricht über die gesuchte Urkraft, die eine solche Theorie versprach, einstweilen ausbleiben.

Im Jahre 1949 unternahm er im Alter von 70 Jahren einen zweiten Versuch, das o.g. Ziel zu erreichen, doch blieb auch dieser Versuch erfolglos. Ebendies gilt für spätere Bemühungen nicht minder befähigter Naturwissenschaftler. Die Teilerfolge, die jedoch auf diesem Wege erzielt wurden, waren bemerkenswert und bildeten das Fundament, auf dem spätere Forscher erfolgreicher aufbauen konnten.

Einsteins Mißerfolg hat unterschiedliche Ursachen und ist aus heutiger Sicht durchaus verständlich. Zunächst ist festzuhalten, daß man zu seiner Zeit nur unvollkommene Kenntnisse über die starke und die schwache Kraft besaß. Heute dagegen sind diese Naturkräfte sowohl praktisch als auch theoretisch wohl fundiert. Überdies hat sich inzwischen gezeigt, daß die o.g. Konzeption mit Hilfe von Eichtheorien (d. h. Theorien, welche die Naturkräfte geometrisch behandeln) angemessen beschrieben werden kann. Ein weiteres Hindernis lag darin, daß Einstein an der Geometrisierung des Raumes festhalten wollte. Diese Einstellung war zwar berechtigt, doch war die Zeit dafür noch nicht reif genug. Mit der Formulierung der allgemeinen Relativitätstheorie gelang ihm zwar die Geometrisierung der Gravitationskraft, indem er diese durch die Raumkrümmung ersetzte, der Vesuch einer Erweiterung der Geometrie auf den Bereich der Maxwell'schen Elektrodynamik blieb jedoch ohne Erfolg. Einsteins Bemühen, die Maxwell'schen Gleichungen so zu modifizieren, daß sie auch Materie und Kraft erfassen können, führte deswegen zu keinem Erfolg.

Worin aber besteht eine einheitliche Feldtheorie und welche Bedingungen muß sie erfüllen, damit sie das Universum als ganzes zu beschreiben vermag? Will man diese Problematik auf einen Nenner bringen, so kann man die Frage folgendermaßen beantworten: Die einheitliche Feldtheorie muß einen Weg finden, die allgemeine Relativitätstheorie, welche den Makrokosmos beschreibt, mit der Quantentheorie, welche den mikrokosmischen Bereich regiert, zu vereinen. Gelingt dies, so kann die Gravitationskraft mit den übrigen Naturkräften (der elektromagnetischen, der starken und der schwachen Kraft) zu einer einzigen Naturkraft, der sogenannten Urkraft vereint werden, die im Rahmen einer solchen Theorie sowohl die Materieteilchen als auch die kraftübertragenden Teilchen (Botenteilchen) zu beschreiben vermag.

Die Anfänge einer einheitlichen Feldtheorie gehen, wie wir bereits gesehen haben, bis ins 19. Jahrhundert zurück, in dem zum ersten Mal festgestellt wurde, daß zwischen Elektrizität und Magnetismus eine enge Beziehung besteht. Die sensationelle Nachricht kam aus Kopenhagen, wo ein bis dahin gänzlich unbekannter Physiker namens Christian Oersted (1777 - 1851) die Feststellung machte, daß der elektrische Strom Einfluß auf Magnete zeigt. Diese Entdeckung wurde in einem Aufsatz in lateinischer Sprache publiziert, der aufgrund seines brisanten Inhalts bald in mehrere Sprachen übersetzt wurde. So wurde auch der berühmte französische Mathematiker André-Marie Ampère (1775 - 1836) darauf aufmerksam, der zu dieser Zeit als Professor an der Ecole Polytechnique über ein gut ausgestattetes Labor verfügte. Ampère unterzog das beschriebene Phänomen einer eingehenden Untersuchung, die den Weg zur endgültigen Entdeckung des Elektromagnetismus ebnete.

Es sollte jedoch nicht lange dauern, bis der geniale englische Physiker Michael Faraday die große Entdeckung machte, daß durch die Bewegung eines Magneten in der Nähe eines Leiters, elektrische Spannung innerhalb dieses Leiters entsteht. Das bedeuete eben die Entdeckung des Induktionsgesetzes. Dabei stellt Faradays Entdeckung im Grunde genommen nichts anderes als die Umkehrung der Oersted'schen Beobachtung dar. Somit konnte die Verwandtschaft von Elektrizität und Magnetismus weiter erhärtet werden, da nunmehr elektrische Energie in magnetische verwandelt werden kann und umgekehrt. Faraday ging jedoch einen Schritt weiter und stellte die Vermutung an, daß die elektrische Kraft zwischen elektrisch geladenen Körpern nicht durch eine Fernwirkung, sondern durch den dazwischenliegenden Raum zum Ausdruck kommt, der durch die elektrisch geladenen Körper eine besondere Gestaltung erfährt. Damit wurde zum ersten Mal beschrieben, was wir heute das elektrische Feld nennen. Der Feldbegriff wurde im Anschluß auf andere physikalische Erscheinungen ausgedehnt und zählt heute zu den fundamentalen Begriffen der Physik überhaupt.

Die Krönung dieser Bemühungen stellt jedoch die später konzipierte Maxwell'sche Elektrodynamik dar, die die theoretische Formulierung der elektromagnetischen Kraft enthält. Die Vereinigung der beiden Naturkräfte, nämlich der Elektrizität und des Magnetismus zu einer einzigen Naturkraft, der elektromagnetischen Kraft, stellt einen ersten Schritt auf dem Weg zur Konzeption einer einheitlichen Feldtheorie dar. Dieser Schritt ergab sich jedoch gleichsam zufällig, da zu dieser Zeit niemand nach einer einheitlichen Feldtheorie Ausschau hielt.

Auch nach Einsteins Tode brachten die Forschungen auf diesem Gebiet zunächst keine nennenswerten Fortschritte, so daß diese Thematik von der breiteren Öffentlichkeit unbeachtet blieb. Erst gegen

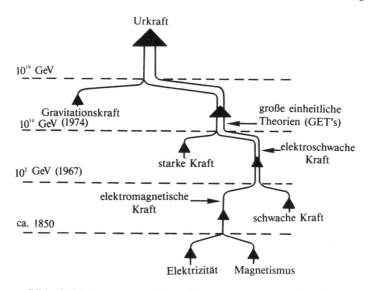

**Bild 40: Meilensteine auf dem Weg zur gesuchten Urkraft.**

Ende der sechziger Jahre wurde sie erneut aktuell, als die Physiker Abdus Salam und Steven Weinberg eine Theorie aufstellten, die zu erweisen schien, daß die schwache und die elektromagnetische Kraft in Wahrheit eine einzige Naturkraft, die sogenannte elektroschwache Kraft repräsentieren. Daß sie als getrennte Kräfte wahrgenommen werden, resultiert danach aus der Tatsache, daß sie innerhalb eines Umfeldes beobachtet werden, das nicht das erforderliche Energieniveau aufweist. Dabei beträgt der Schwellenwert dieses Energieniveaus etwa 90 GeV (vgl. Bild 40). Derartige Energiewerte sind aber heute mit Hilfe von Teilchenbeschleunigern leicht zu realisieren, so daß die Richtigkeit der genannten Theorie sogleich experimentell nachgewiesen werden konnte. Dies geschah, wie wir gesehen haben, durch den Nachweis der beiden W- und des $Z^0$-Teilchens.

Der Prozeß der Vereinigung beider Naturkräfte zu einer einzigen Kraft, der elektroschwachen Kraft führt mithin über eine Symmetriebrechung, deren Schwellenwert bei 90 GeV (d. i. ca. $10^2$ GeV) liegt. Diese Symmetriebrechung hat zur Folge, daß sich W-Teilchen und Photonen als „Zwillingsbrüder" erweisen, solange sie bei Energiewerten oberhalb der genannten Grenze betrachtet werden. Es handelt sich also um gleichartige Botenteilchen, die lediglich unterhalb eines bestimmten Energieniveaus als gegensätzlich erscheinen.

Weinberg und Salam konnten den Weg zur Theorie der elektroschwachen Kraft nur deswegen bahnen, weil sie aus der Überzeugung, daß die Natur auch hier eine verborgene Symmetrie aufweist, eine umfassende Eichsymmetrie anwandten.

Die auf diese Weise erzielten Erfolge ermutigten andere Physiker, eine noch umfassendere Symmetrie zugrundezulegen und daraus eine Theorie zu entwickeln, welche die elektroschwache Kraft mit der starken Kraft zu vereinigen vermag. So entstanden die verschiedenen Versionen einer einheitlichen Feldtheorie, die im Grunde genommen Eichtheorien der Farben sind, d. h. Theorien repräsentieren, welche die Farbkraft der Gluonen einbeziehen. Dabei zeigen alle diese Theorien, daß wie im Falle der elektroschwachen Kraft auch hier eine

Symmetriebrechung stattfindet, dies jedoch auf einem weitaus höheren Energieniveau, dessen Stellenwert bei etwa $10^{14}$ GeV liegt (vgl. Bild 40). Wird dieses Energieniveau überschrittten, so zeigen die Botenteilchen der elektroschwachen und der starken Kraft das gleiche Gesicht. Es ist also vordergründig eine Frage der Energie, ob wir die elektroschwache und die starke Kraft als zwei getrennte oder als eine einzige Naturkraft wahrnehmen. Das Problem liegt lediglich in der Höhe des Schwellenwertes, der ein Energieniveau voraussetzt, das derzeit mit keinem Teilchenbeschleuniger zu erzielen ist. Glücklicherweise ist dieses Ziel mit Hilfe des Protonenzerfalls zu erreichen, den alle bisherigen Versionen einer einheitlichen Feldtheorie vorsehen (vgl. Kapitel 8). Gelänge es also, den Protonenzerfall experimentell nachzuweisen, so wäre eo ipso auch die einheitliche Feldtheorie verifiziert. Die Chancen hierfür müssen aber, wie wir gesehen haben, derzeit skeptisch beurteilt werden. Sollte die genannte Barriere jedoch eines Tages überwunden werden, so bleibt noch die Gravitationskraft, die sich einer Vereinigung mit den übrigen Naturkräften einstweilen entzieht. Der Grund dafür liegt in der Tatsache, daß die allgemeine Relativitätstheorie die Gravitation nicht als Kraft, sondern als Raumkrümmung ansieht. Die Auffassung der Physiker geht jedoch dahin, daß das Ziel auch in diesem Falle über eine Symmetrie erreicht werden kann. Dabei rechnet man mit einer „Supersymmetrie", die alle übrigen Symmetrien impliziert. Auch hierbei zeichnet sich ein Energieschwellenwert ab, der bei etwa $10^{19}$ GeV liegt. Oberhalb dieses Energieniveaus, das die Planck'sche Energie repräsentiert, gibt es keine einzelnen Naturkräfte, sondern allein die postulierte einzige Urkraft (vgl. Bild 40).

Eine Theorie der „Supersymmetrie" stellt vor allem deshalb einen erfolgversprechenden Schritt auf der Suche nach der Urkraft dar, weil sie eine Geometrisierung der Raumzeit enthält und damit die Verbindung zur allgemeinen Relativitätstheorie wahrt. Da diese Theorie mit Botenteilchen arbeitet, die Gravitinos genannt werden, bezeichnet man sie als Theorie der Supergravitation.

110

Von der Einstein'schen Gravitationstheorie, in der die Gravitation allein durch Gravitonen übermittelt wird, unterscheidet sie sich vor allem dadurch, daß sie für die Übermittlung der Gravitationskraft mehrere Botenteilchen vorsieht. Die Theorie der Supergravitation schließt Einsteins allgemeine Relativitätstheorie nicht nur ein, sondern erweitert sie zugleich, indem sie vorsieht, daß alle Bosonen stets von zusätzlichen Teilchen begleitet werden, die man den bislang bekannten Botenteilchen (Photonen, W- und $Z^0$-Teilchen sowie Gluonen) entsprechend als Photinos, Winos, Zinos und Gluinos bezeichnet. Alle diese „Inos" stellen Fermionen dar und erzeugen als solche Unendlichkeiten, die das entgegengesetzte Vorzeichen der durch Bosonen erzeugten Unendlichkeiten aufweisen. Dies aber führt zur Aufhebung der Unendlichkeiten, mit denen alle bisherigen Versuche der Konzeption einer einheitlichen Feldtheorie zu kämpfen hatten.

Die Theorie der Supergravitation blieb bis Anfang der achtziger Jahre mehr oder minder unangetastet, obgleich zunehmend deutlich wurde, daß die von ihr postulierten Teilchen mit den in der Praxis beobachteten Teilchen nicht übereinstimmen. Die Situation änderte sich in der Mitte der achtziger Jahre, als man aus den in Vergessenheit geratenen Theorien der Strings (Saiten bzw. Fäden) eine neue Theorie der Superstrings (Supersaiten bzw. -fäden) entwickelte.

Die Anfänge der Stringstheorie reichen bis in das Jahr 1970 zurück, als der japanische Physiker Yochiro Nambu den „verrückten" Gedanken aufwarf, daß die Materie nicht aus Elementarteilchen, sondern aus vibrierenden und zugleich rotierenden Strings besteht. Dabei ging sein Bestreben zunächst dahin, das Verhalten der Hadronen mit Hilfe einer Theorie zu erklären, die einst die Pythagoräer aufstellten. Danach ist das Geheimnis des Universums in der Kraft der Zahlen, dabei insbesondere dem τέτρακτον („Viereck") geschlossen. So wußte Aristoteles zu berichten, daß die pythagoräische Schule der Überzeugung war, daß das Himmelsgebäude allein aus Harmonie und Zahlen besteht. Diese Zahlenharmonie durchdringt das ganze Universum und ist unter anderem dafür verantwortlich, daß der Abstand zwischen den Planeten in einfachen Zahlenverhältnissen auszudrücken ist.

Gewiß haben die von Nambu erdachten Strings mit den Saiten etwa einer Gitarre wenig gemein. Das verdeutlicht bereits die Tatsache, daß die postulierten Strings eine Länge von nur etwa $10^{-33}$ cm aufweisen, d. h. eine Länge, die um mehrere Zehnerpotenzen unterhalb des Durchmessers der Nukleonen liegt. Dabei handelt es sich um

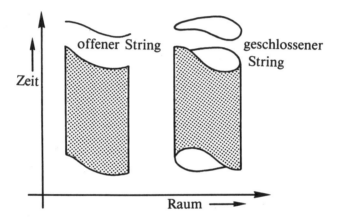

**Bild 41: Nicht Teilchen, sondern Strings bzw. Superstrings scheinen die Bausteine unserer Welt zu sein.**

Objekte, die mit Hilfe von Raumzeit-Diagrammen als Flächen dargestellt werden können. Betrachtet man beispielsweise ein Teilchen, so kann es in einem gewöhnlichen, d. h. dreidimensionalen Koordinationssystem mit den Achsen x, y, z als Punkt mit den Koordinaten $x_1$, $y_1$ und $z_1$ definiert werden. Im Rahmen eines Raumzeit-Diagramms, das als vierte Koordinate auch die Zeit t berücksichtigt, wird das genannte Teilchen durch vier Koordinatenwerte $x_1$, $y_1$, $z_1$ und t dargestellt. Es repräsentiert somit eine Linie, oder besser gesagt: eine Weltlinie.

Ein String erscheint innerhalb eines Raumzeit-Diagramms mithin als Weltfläche, wie es Bild 41 links veranschaulicht. Darin handelt es sich um einen String mit offenen Enden, im Unterschied zu dem des Bildes 41 rechts, der geschlossene Enden aufweist und folglich als eine Art Rohr betrachtet werden kann. Die Weltfläche eines offenen Strings stellt also einen Streifen dar. Seine Ränder repräsentieren mithin die Wege, welche die Enden des betreffenden Strings in der Raumzeit zurücklegen. Die Ränder eines geschlossenen Strings repräsentieren dagegen Kreise.

Damit die Strings bzw. Superstrings den Weg zu einer einheitlichen Feldtheorie ermöglichen, müssen auch sie mit der allgemeinen Relativitätstheorie in Einklang stehen. Die Mathematik, die diese Objekte beschreibt, muß mithin auch für beschleunigte Bezugssysteme gelten. Das bedeutet, daß Strings mit Lichtgeschwindigkeit herumwirbeln müssen; und dies ist der Grund, warum sie auch als Lichtstrings bezeichnet werden. Damit sie sich aber mit Lichtgeschwindigkeit bewegen können, müssen sie massenlos sein. Überdies müssen sie den Forderungen der Quantentheorie genügen. Das bedeutet wiederum, daß sie nicht beliebig rotieren dürfen, da die Quantentheorie allein gequantelte Größen zuläßt.

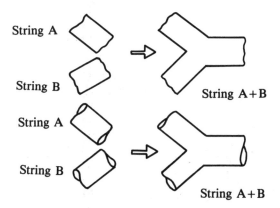

**Bild 42: Die Wechselwirkungen zwischen den Strings geschehen durch Teilung und Wiederverbindung. Oben: Offene Strings. Unten: Geschlossene Strings.**

Der Versuch die genannten Forderungen zu vereinen, zeitigte eine Theorie der Strings, die einen 26-dimensionalen Raum postuliert, d. h. einen Raum, der 22 Dimensionen mehr als das uns vertraute Raumzeit-Kontinuum aufweist. Damit entstand ein monströses Raumgebilde, das sich zunächst weder Laien noch Physiker vorstellen konnten. Die Gemüter sollten sich jedoch bald beruhigen und viele Physiker waren bereit, sich mit dieser Vorstellung zu befreunden, da keines der bekannten Naturgesetze eine derartige Welt prinzipiell ausschließt. Die nicht erscheinenden „überflüssigen" 22 Dimensionen dieser Welt müßten jedoch in irgendeiner Weise „eingerollt" sein, damit wir nur die vertraute vierdimensionale Welt wahrnehmen. Die mathematische Formulierung der Stringstheorie müßte also diesem Umstand Rechnung tragen. Überdies müßte diese Theorie nicht allein die Materieteilchen sondern auch alle Botenteilchen der Naturkräfte beschreiben können.

Strings stellen demnach Weltflächen dar und verkörpern sowohl die Materie- als auch die Botenteilchen der Naturkräfte. Das würde bedeuten, daß unsere bisherigen Weltvorstellungen falsch sind, da die neue Theorie die Existenz der Teilchen allgemein in Frage stellt. Glücklicherweise ist diese Folgerung jedoch entbehrlich, da die Strings ihrerseits Teilchen darstellen, solange sie aus einer genügenden Entfernung, d. h. aus der Perspektive eines niedrigen Energieniveaus betrachtet werden. Danach bestand die Materie lediglich unmittelbar nach der Urexplosion, d. h. zu einer Zeit, zu der hohe Energiewerte herrschten, aus Strings, die im Verlauf des anschließenden Abkühlungsprozesses ihr Gesicht änderten, um fortan als Teilchen in Erscheinung zu treten. Damit wurde also die Welt der Strings mit der der Teilchen in Einklang gebracht.

Die Euphorie, mit der die Stringstheorie anfangs begrüßt wurde, machte wenige Jahre später einer gewissen Ernüchterung Platz, da etliche Schwächen des Konzepts zutagetraten. Schwierigkeiten bereitete insbesondere der Versuch, die postulierten 26 Dimensionen zu reduzieren, so daß man sich gezwungen sah, weiterhin an dieser monströsen Vorstellung festzuhalten. Schwerwiegendere Probleme warf auch die Feststellung auf, daß die Stringstheorie etliche Unendlichkeiten implizierte.

Die auftretenden Schwierigkeiten zwangen die Physiker, ohne Aufgabe des Erreichten nach neuen Wegen zu suchen. Das Ergebnis ihres Bemühens war die Konzeption der Superstringstheorie, die mit einem Schlage alle genannten Probleme „behob". Diese Theorie ist von den zuvor besprochenen Anomalien frei. Dies wurde erreicht, indem die Superstrings mit einer Eichsymmetrie konstruiert wurden, die in der Fachwelt als SO(32) bzw. als $E_8$ x $E_8$ bekannt ist. Dabei scheint die letztere Variante die interessantere zu sein, da diese Konzeption als Theorie der Gravitation formuliert wird, die im Anschluß auch die übrigen Naturkräfte berücksichtigt.

Die Superstringstheorie sieht eine zehndimensionale Welt vor. Sie muß daher erklären, auf welche Weise die sechs Dimensionen kompaktisiert werden, die über die uns vertraute vierdimensionale Welt hinausgehen. Überdies muß sie erklären, warum die vier vertrauten Raumdimensionen zur Expansion verurteilt sind, während die restlichen sechs Dimensionen in einem hochkompakten Zustand verharren. Der Fortschritt der Theorie besteht jedoch darin, daß sie in der Lage ist, nicht allein die Hadronen, sondern auch alle übrigen Elementarteilchen zu beschreiben. Im Lichte dieser Theorie erscheinen auch die Naturkräfte unter einem neuen Blickwinkel, nämlich als Folgerungen einer Art Stringsgeometrie. Damit steht auch diese Theorie in Einklang mit früheren Auffassungen, die sich auf eine Geometrisierung des Raumes stützen. Zu Beginn der sechziger Jahre unternahm nämlich der amerikanische Physiker John Wheeler den Versuch, die Weltentstehung durch eine Theorie zu begründen, die sich auf die Geometrisierung des leeren Raumes stützt. Er gab ihr den Namen „Geometrodynamik". Dabei handelt es sich um eine Theorie, die sowohl die Materie, d. h. die Teilchen, als auch die Naturkräfte mit Hilfe der Geometrie zu erklären sucht. Materie und Kraft stellen danach nichts anderes als Störungen des leeren Raumes dar. Wheelers Vorstellungen gehen dahin, daß Teilchen den Eingang bzw. den Ausgang eines Tunnels repräsentieren, der eine kleine Raumbrücke darstellt. Ist der Eingang des Tunnels beispielsweise als Proton zu interpretieren, so ist der Ausgang als Antiproton anzusehen und umgekehrt. Die Schwächen der Wheeler'schen Geometrodynamik erweisen sich jedoch bei der Erklärung der Raumzeit, die sie als gegeben betrachtet. Dieser Schwierigkeit sucht Penrose durch die Konzeption der Twistorentheorie zu begegnen. Der Umstand, daß dabei Zusammenhänge zwischen der Strings- und der Twistorentheorie zutagetreten, legt die Vermutung nahe, daß die Twistorentheorie eine übergeordnete Theorie darstellt, aus der die Superstringstheorie abgeleitet werden kann. Auch Penroses Theorie greift auf frühere Arbeiten zurück, die den Versuch unternahmen, die Weltentstehung durch die Geometrisierung des Raumes zu erklären. So sucht die Twistorentheorie die grundlegenden Gleichungen der allgemeinen Relativitätstheorie so zu modifizieren, daß mit Hilfe der Raumzeitgeometrie sowohl die Materie als auch die Kraft erfaßbar ist. Fundamentale Objekte dieses merkwürdigen Raumes sind die Twistoren, d. h. Lichtstrahlen bzw. Nullinien ohne Masse und ohne Länge. Ein solcher Raum läßt sich allerdings allein mit Hilfe komplexer Dimensionen beschreiben. Die Raumzeit wird mit anderen Worten nicht vorausgesetzt, sondern läßt sich aus dem Twistorenraum ableiten. Der Weg, den Penroses Twistorentheorie beschreitet, stellt daher die Fortsetzung eines Gedankengangs dar, der mit so berühmten Namen wie Euklid, Clifford, Einstein, Wheeler und anderen verbunden ist. Alle diese Denker betrachten nämlich die Geometrie als die Wiege der Naturwissenschaften und versuchen daher eine Geometrodynamik aufzustellen, wie sie die Voraussetzungen ihrer Zeit sowie die eigenen Kräfte und Dispositionen erlaubten. Daß selbst Einstein daran scheiterte, hat wahrscheinlich seine Ursache in der mangelnden Aufbereitung des Vorfeldes.

Gegenwärtig werden enorme Anstrengungen unternommen, die Superstringstheorie mit der Twistorentheorie in Einklang zu bringen, um damit die Voraussetzungen für die Formulierung einer einheitlichen Feldtheorie zu schaffen. Dabei sind sich die Physiker jedoch nicht darüber einig, ob diese Voraussetzung die letzte Anstrengung darstellt, oder ob es noch weiterer Zwischenschritte bedarf, ehe die Konzeption der Theorie der einen Naturkraft gelingt. Wir dürfen also gespannt bleiben, welche Fortschritte die unmittelbare Zukunft in dieser Hinsicht bereithält.

# 10 Teilchenbeschleuniger: Supermikroskope für die Teilchenwelt

Um in das Innere der Materie vorzudringen, stand einst Demokrit nicht mehr als das menschliche Denkvermögen zur Verfügung. Auch spätere Befürworter des atomaren Aufbaus der Materie verfügten bis in die Mitte des 20. Jahrhunderts zum gleichen Zweck über allenfalls unzulängliche technische Mittel. Erst in den letzten Jahrzehnten bedienen sich die Physiker in breiterem Umfang technischer Einrichtungen, die ihnen ein Eindringen in die Materie ermöglichen. Dabei erlauben die verwendeten Geräte nicht allein den Blick in das Innere der Teilchen, sondern auch die „Reise" in die Vergangenheit, welche die Geheimnisse der Materiebildung und damit der Weltentstehung offenlegt.

Wir können die Welt, die uns umgibt, mit Hilfe des bloßen Auges nur in engen Grenzen erkennen. Diese Grenzen sind durch die Beschaffenheit unserer Sinnesorgane bedingt. Deswegen ist der Mensch gezwungen, sich technischer Mittel zu bedienen, wo es darum geht, Objekte über große Entfernungen oder Objekte minimaler Ausdehnung zu betrachten. Eines der ältesten dieser technischen Hilfsmittel ist die Glaslinse, mit deren Hilfe zuerst Fernrohre für astronomische Beobachtungen und später Mikroskope zur Untersuchung des Mikrokosmos konstruiert wurden.

Die Lösung zahlreicher Rätsel der Astronomie führte zu neuen Erkenntnissen, die ihrerseits den Bau leistungsstärkerer Teleskope anregten. Die vorläufig letzte Generation dieser Geräte stellen die großen Radioteleskope dar, die es Astronomen und Astrophysikern erlauben, Milliarden von Lichtjahren* in die Tiefen des Universums einzudringen.

---

*) Ein Lichtjahr entspricht der Strecke, die das Licht mit der Geschwindigkeit von $3 \cdot 10^8$ m/s im Laufe eines Jahres zurücklegt. Sie beträgt ca. $9{,}5 \cdot 10^{12}$ km.

Auf der anderen Seite werden für die Beobachtung des Mikrokosmos Mikroskope verwendet, die ebenso wie die herkömmlichen Teleskope das Licht als Erkundungssonde benutzen. Erst die Verwendung von Elektronen- bzw. Röntgenstrahlen erlaubt die Erforschung feinerer Strukturen. Bei gewöhnlichen Mikroskopen beträgt die Auflösung bis zu etwa $5 \cdot 10^{-5}$ cm. Bei Mikroskopen, die als Erkundungssonde Röntgenstrahlen bzw. hochenergetische Elektronen verwenden, beträgt sie ca. $10^{-8}$ cm. Diese Erkundungssonden sind also weitaus energiereicher als das Licht. Zwischen der Energie der Erkundungssonde und der Auflösungsgrenze besteht ein unmittelbarer Zusammenhang: Je höher die Energie ist, desto kleiner sind die Strukturen, die mit dem betreffenden Gerät zu erkennen sind. Will man also mit dem bloßen Auge in das Innere der Atome, etwa in ihre Kerne, „blicken", so sind Erkundungssonden erforderlich, deren Energie die der Röntgenstrahlen übertrifft.

Eine vielversprechende Erkundungssonde stellt die erst seit wenigen Jahren genutzte Synchrotronstrahlung dar. Darunter versteht man die beim Betrieb von Teilchenbeschleunigern auftretende elektromagnetische Strahlung. Es handelt sich um eine laserähnlich gebündelte, intensive Strahlung, die sich über den gesamten Spektralbereich zwischen Infrarot und dem Röntgenbereich erstrecken kann. Diese Strahlung entsteht, sobald rasch bewegte Elektronen durch elektrische oder magnetische Felder aus ihrer geraden Bahn abgelenkt werden. Dabei verlieren sie einen Teil ihrer kinetischen Energie, die in elektromagnetische Strahlung umgewandelt wird. Da die Elektronen dabei gebremst werden, wird die Strahlung auch als „Bremsstrahlung" bezeichnet. Vorgänge dieser Art finden auch in Synchrotronen (Ringbeschleunigern) statt, in denen die Elektronen (oder Positronen) einer ständigen Querbeschleunigung ausgesetzt sind, die um so stärker wird, je größer die Energie der beteiligten Teilchen wird und je enger die durch den Beschleuniger selbst vorgegebene Kreisbahn angelegt ist.

Elektronen, die auf Kreisbahnen von Beschleunigern oder Spei-

(Foto: DESY)

**Bild 43: HASYLAB bei DESY in Hamburg.**

cherringen mit konstanter Geschwindigkeit umlaufen, stellen zum Mittelpunkt der betreffenden Kreise hin beschleunigte elektrische Ladungen dar. Das hat wiederum zur Folge, daß solche Elektronen die genannte Synchrotronstrahlung keulenförmig in ihrer aktuellen Flugrichtung emittieren.

Für den Blick in das Innere der Atome stellt die Synchrotronstrahlung die ideale Erkundungssonde dar. Dabei darf man sich das Ergebnis nicht in Gestalt einer einfachen Photographie vorstellen. Aufgrund der winzigen Dimensionen bedarf es eines enormen technischen Aufwandes, um Einblick in diesen Bereich zu gewinnen. Aus dem Spektrum der Synchrotronstrahlung wird z. B. Licht mit genau definierter Wellenlänge bzw. Energie herausgefiltert. Dieses Licht tritt in geeigneten Apparaturen in Wechselwirkung mit dem zu untersuchenden Material, wobei es reflektiert, absorbiert und gestreut werden kann. In einem Detektor wird die gestreute, reflektierte oder durchgelassene Strahlung analysiert und ausgewertet, indem die Meßergebnisse in Aussagen über die Beschaffenheit des untersuchten Stoffs umformuliert werden.

In Deutschland wurde nach den Anfängen an der Universität Bonn im Jahre 1964 am Deutschen Elektronen-Synchrotron (DESY) in Hamburg mit der Nutzung der Synchrotronstrahlung begonnen. Früher als an anderen Anlagen wurden dort in einem dem gerade fertiggestellten Beschleuniger angeschlossenen Laboratorium Experimente aufgenommen, welche die Röntgenstrahlung mit Strahlungsenergien bis zu 5,6 GeV im Spektrum der Synchrotronstrahlung ausnutzen. Heute betreibt DESY das sogenannte HASYLAB (Hamburger Synchrotronstrahlungslabor, vgl. Bild 43), das es den Wissenschaftlern seit dem Jahre 1980 ermöglicht, auf so verschiedenen Gebieten wie der Atom- und Molekülspektroskopie, der Festkörperphysik, der Oberflächenphysik und Katalyseforschung, der Kristallographie, der Strukturuntersuchung von Polymeren und biologischen Substanzen oder der Spurenanalyse mit Röntgenstrahlen zu arbeiten.

Seit 1984 wird mit Synchrotronstrahlung auch auf europäischer Ebene geforscht und zwar mit Hilfe der ESRF-Anlage (European Synchrotron Radiation Facility). Die Gesamtkosten des Projekts, an dessen Verwirklichung in Grenoble (Frankreich) gearbeitet wird, werden mit mehr als einer Milliarde DM beziffert. Auf die Bundesrepublik Deutschland entfällt davon ein Anteil von rund 24 %. An dem Projekt sind überdies Belgien, Frankreich, Großbritannien, Italien, Spanien, die Schweiz, Dänemark, Finnland sowie Norwegen und Schweden in einem gemeinsamen Konsortium beteiligt.

Die angedeutete Möglichkeit, mit Hilfe von Teilchenbeschleunigern eine Reise in die Vergangenheit zu unternehmen, beruht auf den folgenden Voraussetzungen: Die Richtigkeit der Urknalltheorie vorausgesetzt, stand am Anfang der Weltenstehung die Explosion eines Uratoms. Dabei herrschten unmittelbar nach der Urexplosion extrem hohe Temperaturwerte, die im Laufe der Expansion des Universums beständig sanken. Heute beträgt die Photonentemperatur knapp 3 K (Hintergrundstrahlung). Will man also die zu Beginn der Weltentstehung eingetretenen physikalischen Vorgänge untersuchen, benötigt man sehr hohe Energiewerte, die annäherungsweise allein mit Hilfe von Teilchenbeschleunigern zu erzielen sind. Teilchenbeschleuniger ermöglichen somit die „Simulation" der Anfangsphasen der Weltentstehung.

Damit die genannten Aufgaben erfüllt werden können, müssen sowohl Elektronen als auch andere Teilchen bzw. Antiteilchen zuerst erzeugt und anschließend entsprechend beschleunigt werden, um die erforderlichen Energiewerte zu erreichen. Elektronen gehören, wie wir wissen, zur Familie der Leptonen und treten daher in keine Wechselwirkung mit der starken Kraft. Sie eignen sich daher für den „Blick" in das Innere der Materie besser als beispielsweise Protonen. Überdies weisen sie sehr geringe Dimensionen auf. Das bedeutet, daß sich Elektronen selbst bei höchsten Energiewerten wie ideale Punkte verhalten, so daß die Verhältnisse bei Teilchenkollisionen durchaus überschaubar bleiben. Dies trifft insbesondere für die

Materievernichtung beim Zusammenstoß von beispielsweise Elektronen und Positronen zu. Im Falle von Protonen, die ja aus drei durch Gluonen zusammengehaltenen Quarks bestehen, sind die Verhältnisse naturgemäß komplizierter. Hinzu kommt, daß die äquivalente Energie eines Protons auf die drei Quarks und die zahlreichen Gluonen verteilt ist.

Die beschriebenen grundsätzlichen Unterschiede zwischen Elektronen und Protonen führten unter den Teilchenphysikern anfangs zu differierenden Philosophien bezüglich der Bewertung der Teilchenbeschleuniger. Befürwortete die eine Richtung die Benutzung von Elektronen, so legte sich die andere auf die Verwendung von Protonen fest. Konflikte dieser Art sind inzwischen beigelegt, nachdem man erkannte, daß beide Konzepte keinen unversöhnlichen Gegensatz darstellen, sondern einander ergänzen. So werden gegenwärtig die verschiedensten Beschleunigertypen eingesetzt, um die Geheimnisse der Materie zu erforschen. Alle diese Typen müssen jedoch imstande sein, die benötigten Teilchen zunächst zu erzeugen. Überdies sind Speichereinrichtungen (z.B. Speicherringe) erforderlich, in denen die erzeugten Teilchen solange gespeichert bleiben, bis man sie zur Durchführung von Experimenten abruft. Ferner benötigt man Teilchennachweisgeräte, mit deren Hilfe die experimentell gewonnenen Ergebnisse beobachtet und registriert werden können. Schließlich bedarf es einer großen Anzahl von Hilfseinrichtungen, die ihrerseits aufwendige und daher kostspielige Geräte darstellen.

Die wichtigste Eigenschaft eines Teilchenbeschleunigers ist seine Fähigkeit, die erzeugten Teilchen auf hohe Geschwindigkeiten zu beschleunigen, damit die erforderlichen Energiewerte erreicht werden können. Dies kann prinzipiell statisch mit Hilfe einer Gleichspannung geschehen. Je höher diese Spannung ist, desto größer ist auch die Beschleunigung der betreffenden Teilchen. Jede Elektronenröhre, darunter jede Fernsehröhre stellt im Prinzip einen Teilchenbeschleuniger, dabei einen Elektronenbeschleuniger dar; denn die von einer elektrisch geheizten Kathode erzeugten Elektronen werden durch eine oder mehrere Anodenspannungen beschleunigt, bevor sie auf den Bildschirm treffen, um dort die gewünschten Fluoreszenzerscheinungen herbeizuführen. Auch bei der Erzeugung von Röntgenstrahlen mit Hilfe geeigneter Röhren werden hohe Spannungen zur Beschleunigung von Elektronen benutzt, die im Anschluß zur Erzeugung der Röntgenstrahlung dienen. Die auf diese Weise gewonnene Beschleunigungsenergie der Elektronen beträgt allerdings nur wenige Millionen Volt (d. h. wenige MeV), was aus der Perspektive wissenschaftlich genutzter Teilchenbeschleuniger sehr niedrig ist. Will man höhere Energiewerte erreichen, so muß man nach anderen Verfahren Ausschau halten. Dabei geht es insbesondere um Verfahren, die keine statischen Hochspannungen verwenden, da Spannungen dieser Art, sobald sie Werte von einigen Millionen Volt übersteigen, in der Praxis kaum aufrechterhalten werden können, ohne daß sie Entladungen auf benachbarte Objekte erzeugen.

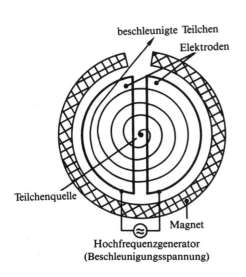

beschleunigte Teilchen

Elektroden

Teilchenquelle

Magnet

Hochfrequenzgenerator
(Beschleunigungsspannung)

**Bild 44: Zur Erläuterung des Funktionsprinzips eines Zyklotrons.**

Das älteste zu diesem Zweck entwickelte Verfahren stellt das sogenannte Zyklotron (gr. κύκλος „Kreis") dar, das bereits in den dreißiger Jahren von Ernest Lawrence und M. Stanley Livingston entwickelt wurde. Die zugrundeliegende Idee besteht darin, die Teilchen auf einer Spiralbahn innerhalb eines Magnetfeldes bewegen zu lassen und beim jeweiligen Übergang zwischen zwei D-förmigen Elektroden einen Spannungsstoß zu geben. Das entsprechende Funktionsprinzip veranschaulicht

Bild 44. Am Anfang der Spirale befindet sich eine Teilchenquelle. Am Ende der Spirale treten die beschleunigten Teilchen aus und können für die gewünschten Experimente eingesetzt werden. All dies geschieht naturgemäß innerhalb einer Vakuumkammer, da andernfalls Zusammenstöße mit Luftmolekülen, die Teilchen aus ihrer Bahn schlagen würden.

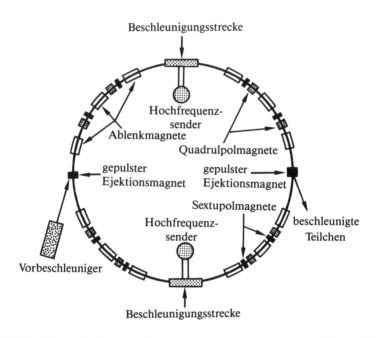

**Bild 45: Funktionsprinzip eines Synchrotons.** (Skizze: DESY)

Die Größe der Kammer wie der verwendeten Magnete setzt jedoch den zu erreichenden Energiewerten Grenzen, so daß man bald zu anderen Verfahren überging. Gegenwärtig wird insbesondere das sogenannte Synchrotronverfahren eingesetzt, das unter anderem der bereits besprochenen Synchrotronstrahlung den Namen gab. Dabei wird mit Hilfe von zwei Metallplatten, die an eine Spannung angeschlossen sind, ein elektrisches Feld erzeugt. Sind diese Platten in der Mitte mit einem Loch versehen, so können die Elektronen bzw. die Protonen hindurchtreten, wobei sie durch das vorhandene elektrische Feld beschleunigt werden. Werden mehrere solcher Metallplatten hintereinander aufgestellt, so entsteht ein Linearbeschleuniger. Bei den meisten Teilchenbeschleunigern handelt es sich jedoch um Ringbeschleuniger (vgl. Bild 45). Dort werden die Teilchen mit Hilfe eines Magnetfeldes auf einer Kreisbahn gehalten und fortwährend durch eine oder mehrere Beschleunigungsstrecken beschleunigt. Auf diese Weise können durch millionenfache Umläufe sehr hohe Energiewerte erzielt werden. Dieses Prinzip kann in der Praxis jedoch nur dann funktionieren, wenn an den genannten Metallplatten ein Wechselfeld angelegt wird, das in dem Moment, in dem die Teilchen die Metallplatten passieren, so gerichtet ist, daß die Teilchen beschleunigt werden. Die Frequenz der Wechselspannung und die Umlauffrequenz der Teilchen müssen dabei synchron sein, woher sich die Bezeichnung „Synchrotron" erklärt. Dabei handelt es sich um Wechselspannungen leistungsstarker Sender, die die betreffenden Beschleunigungsstrecken mit Hilfe von Hohlleitern versorgen. Bild 47 zeigt beispielsweise eine Beschleunigungsstrecke des DESY in Hamburg, die durch mehrere Hohlleiter mit Hochfrequenzenergie (500 MHz) versorgt wird, welche von einem geeigneten Hochleistungssender erzeugt wird.

Synchrotrone in Form von Ringbeschleunigern können zwar die Teilchen auf relativ hohe Energiewerte beschleunigen, zeigen jedoch Grenzen, die allein durch neue Techniken überwunden werden können. So ist bereits in den fünfziger Jahren die Idee der Kollisionsmaschinen entstanden, die wenige Jahre später auch realisiert werden konnten. Sie arbeiten nach dem folgenden Prinzip: Statt beschleunigte Teilchen auf ein Ziel zu schießen, werden zwei Teilchenstrahlen zu einer frontalen Kollision veranlaßt. Werden diese Teilchen zuvor auf relativistische Geschwindigkeiten, d. h. auf Geschwindigkeiten beschleunigt, die der Lichtgeschwindigkeit nahekommen, so ist die freiwerdende Zerstörungsenergie ungeheuer hoch, weil die kineti-

**Bild 46: Die Speicherringe PETRA (2,3 km lang) und HERA (6,4 km lang) des Deutschen Elektronen-Synchrotrons DESY in Hamburg.** (Foto: DESY)

**Bild 47: Blick in den HERA-Tunnel auf einer Beschleunigungsstrecke des Elektronen-Speicherrings. Die Hohlleiter versorgen die Strecke mit Hochfrequenzenergie (500 MHz), die ein Hochleistungssender erzeugt. (Foto: DESY)**

sche Energie der beteiligten Teilchen zu einer enormen äquivalenten Masse führt. Je größer die äquivalente Masse der kollidierenden Objekte ist, desto größer ist auch die dabei freigesetzte Zerstörungsenergie. Die äquivalente Energie eines ruhenden Protons beträgt, wie wir bereits wissen, knapp 1 GeV. Wird ein solches Teilchen auf beispielsweise 100 GeV beschleunigt, so ist seine äquivalente Masse 100-mal größer.

Will man aber den vorgestellten Gedanken in die Praxis umsetzen, dann treten Probleme auf, die mit der Größe der beteiligten Teilchen zusammenhängen. Teilchenstrahlen, die man mit Hilfe von Teilchenbeschleunigern realisieren kann, weisen stets Querschnitte einer Größenordnung von einigen Zentimetern auf. Auch die Fokussierung dieser Teilchen mit Hilfe starker Magnete führt zu unzureichenden Ergebnissen, da die auf diese Weise zu erzielenden Querschnitte immer noch mehrere Millimeter betragen. Das hat zur Folge, daß bei Kollisionsversuchen, die Wahrscheinlichkeit, daß zwei Teilchen frontal zusammenstoßen, sehr gering bleibt. Dieses Problem wird dadurch gelöst, daß man Teilchen und Antiteilchen, z. B. Protonen und Antiprotonen bzw. Elektronen und Positronen, in einem gemeinsamen Magnetring in entgegengesetzter Richtung umlaufen läßt. Geschieht beim ersten Umlauf kein Zusammenstoß, so kann dies beim zweiten, dritten oder einem weiteren Umlauf geschehen. Da die Teilchen mehrere hunderttausend Umläufe pro Sekunde absolvieren, steigt die Wahrscheinlichkeit eines direkten Zusammenstoßes beträchtlich. Daß die hierzu benötigte Technik kompliziert und kostspielig ist, versteht sich von selbst.

Das Deutsche Elektronen-Synchrotron (DESY) in Hamburg betreibt seit 1990 den unterirdisch angelegten Speicherring HERA (Hadron-Elektron-Ring-Anlage). Diese Anlage - ein 900 Millionen DM-Projekt - hat einen Umfang von nicht weniger als 6,4 km und verläuft 10 bis 20 m unter der Erdoberfläche in einem Tunnel, zu dem nach dem Endausbau vier große unterirdische Hallen mit den Teilchen-Begegnungszonen sowie aufwendige Nachweisgeräte gehö-

**Bild 48:** Blick in den 6,4 km langen und 25 m tiefen HERA-Tunnel. In den Bögen liegt der Protonenring über dem Elektronenring. (Foto: DESY)

ren. In dieser Anlage werden Protonen (820 MeV) mit nahezu lichtschnellen Elektronen (30 GeV) zur Kollision gebracht. Dabei werden die Protonen im oberen, die Elektronen im unteren der dicht übereinanderliegenden Speicherringe umlaufen (vgl. Bild 48). Die fast mit Lichtgeschwindigkeit umlaufenden Elektronen in einer nur 6 cm weiten Vakuumröhre präzise auf ihrer Bahn zu halten, ist technisch nicht gerade einfach, doch unter Verwendung herkömmlicher Magnete zu erreichen. Für die Protonenbahn reicht diese Technik jedoch nicht mehr aus. Hierfür mußte man supraleitende Höchstleistungsmagnete entwickeln. Daher sind die meisten der rund 700 Magneten rings um den Protonenring supraleitend. Sie werden mit flüssigem Helium aus einer eigens entwickelten Kälteanlage gekühlt, welche die größte Anlage dieser Art in Europa darstellt (vgl. Bild 49).

CERN (Conseil Européen de la Recherche Nucléaire) bei Genf betreibt unter anderem seit 1989 die sogenannte LEP-Anlage. Dabei handelt es sich um einen Elektronen-Positronen-Speicherring von 27 km Umfang, der sich 50 bis 170 m unter schweizerischem und französischem Staatsgebiet in einem 3,8 m breiten Tunnel erstreckt. Hier werden Elektronen und Positronen auf enorme Energiewerte hochbeschleunigt und anschließend mit einer Wucht von jeweils 60 GeV gegeneinandergelenkt. Nach einer weiteren Ausbauphase sollen Kollisionsenergien von jeweils 100 GeV erreicht werden. Dadurch erreichen beide Teilchenarten Geschwindigkeiten, die der Lichtgeschwindigkeit nahekommen. Sie durchlaufen den Speicherring in jeder Sekunde mehr als 100 000mal und legen im Verlauf ihrer mehrere Stunden währenden Speicherung einige Milliarden Kilometer zurück. Zu Teilchenpaketen von etwa 2 cm Länge gebündelt, legen sie diesen Weg in einer rechteckigen Röhre mit einem Querschnitt von nur 7 x 13 cm² zurück, die bis auf etwa ein Milliardstel eines Zentimeters Quecksilbersäule (Torr) luftleer gepumpt ist. Insgesamt 5176 Magnete unterschiedlicher Funktionsauslegung und 128 Beschleunigungsresonatoren umgeben die geschlossene Teilchenbahn im Kernbereich des LEP-Ringtunnels. In den vier Begegnungszonen,

**Bild 49:** Tunnel des HERA-Speicherrings. Zur Kühlung der superleitenden Magnete und Beschleunigungseinheiten wurde die größte und leistungsfähigste Helium-Verflüssigungsanlage Europas eingesetzt.
(Foto: DESY)

in denen die Experimente durchgeführt werden, befinden sich als Nachweisgeräte, unter vielen anderen, der in Supraleitertechnik ausgeführte größte Magnet der Welt mit einer Länge von 7,4 m und einem Durchmesser von 6,4 m sowie ein zweiter Magnet, der mit 1000 m³ das größte Magnetvolumen der Welt aufweist. Zehntausende von Sensoren spüren in diesen Geräten die Teilchenereignisse auf.

Weltweit werden gegenwärtig weitere leistungsstarke Teilchenbeschleuniger betrieben. Es sind dies der im Bau befindliche Protonenbeschleuniger UNK mit 20,77 km Umfang und mindestens 3 TeV Energie im sowjetischen Forschungszentrum von Serpuchov, der später zu einem Proton-Proton-Speicherring erweitert werden soll, und der Superconducting Supercollider SSC, der derzeit in der Nähe der texanischen Hauptstadt Dallas errichtet wird. Während Ende 1989 von einem Umfang von 83,63 km und einer Strahlungsenergie von „nur" 20 TeV die Rede war, wird diese Anlage nunmehr einen Umfang von 87 km und eine Energie von rund 40 TeV erreichen. Ihre Kosten sind entsprechend hoch: Sie belaufen sich auf etwa sieben Milliarden US-Dollar.

Der zwischen 1983 und 1990 innerhalb des Etatrahmens des CERN verwirklichte LEP hat zum Vergleich rund 2,8 Milliarden DM gekostet, wobei der Anteil der Bundesrepublik Deutschland bei 688 Millionen DM lag.

Angesichts der zu erwartenden wissenschaftlichen Erkenntnisse können derartige Ausgaben getrost aus dem Aufkommen der Steuerzahler bestritten werden. Ohnedies sind Forschungsgelder in jedem Falle besser angelegt als die stets sinnlos vergeudeten Rüstungsinvestitionen.

# Epilog

Forschung und insbesondere Grundlagenforschung läßt sich nicht allein in der breiten Öffentlichkeit sondern auch in qualifizierteren Kreisen nur schwer verkaufen. Um so schwieriger wird das Unterfangen, wenn es sich um kostspielige Investitionen handelt, wie sie die Elementarteilchenphysik erfordert. Selbst dem gebildeten Laien kann der Nutzen der Errichtung aufwendiger Laboratorien mit riesigen Teilchenbeschleunigern zur Erforschung winziger Materieteilchen wie Protonen, Elektronen oder Quarks nur mit Mühe verständlich gemacht werden. Hierin liegt der Grund, warum immer wieder Gegenstimmen laut werden, wenn es um die Finanzierung solcher Einrichtungen geht, die in der Regel Milliardensummen erforden.

Sind Aufwendungen dieser Dimensionen in der Tat gerechtfertigt, oder kann man die gleichen Forschungsergebnisse auch mit geringeren technischen und finanziellen Mitteln erzielen? Sind die Teilchenphysiker möglicherweise von einer Gigantomanie besessen, die sie veranlaßt, stets größere und aufwendigere Apparaturen zu verlangen?

Eingeweihten ist klar, daß leistungsstarke Teilchenbeschleuniger unerläßlich sind, wenn man den Geheimnissen der Natur näherkommen will. Auch das Bemühen um die Konzeption einer einheitlichen Feldtheorie, setzt, wie wir gesehen haben, die Realisierung beträchtlicher Energiewerte voraus, die allein durch leistungsstarke Teilchenbeschleuniger erbracht werden können. So konnten etwa die Botenteilchen der elektroschwachen Kraft, nämlich die beiden W- sowie das $Z^0$-Teilchen erst unter der Voraussetzung entdeckt werden, daß Teilchenbeschleuniger die erforderlichen Energiewerte ermöglichten. Dem unvorbereiteten Laien kann man solche Zusammenhänge nötigenfalls erläutern, doch ist die Skepsis an dem Nutzen derartiger

Forschungen kaum auszuräumen. Damit wird aber ein Fragenkomplex angeschnitten, der nicht allein die Teilchenphysik, sondern alle Bereiche der Wissenschaft betrifft. Wem nutzt es, zu wissen, daß auf atomarer Ebene 200 oder 300 Elementarteilchen existieren, daß unsere Milchstraße aus einer Milliarde Sonnen besteht, oder daß der nächste Fixstern etwa vier Lichtjahre von uns entfernt ist?

Es gibt Wissenschaftler, die die Meinung vertreten, Forschung und insbesondere Grundlagenforschung bedürfe nicht der Rechtfertigung durch ihren praktischen Nutzen. Eine solche Einstellung mag für Fälle gelten, in denen einzelne Forscher ihr Leben der Lösung einer wissenschaftlichen Fragestellung mit geringen finanziellen Mitteln widmen. Wenn jedoch aus öffentlichen Mitteln ungeheure Summen für Forschung aufgewandt werden, muß die Berechtigung der Forschungsaktivitäten gegenüber dem Steuerzahler gerechtfertigt werden. Es wäre jedoch verfehlt, wollte man die Bewertung wissenschaftlicher Forschung allein von ihrem unmittelbaren Nutzen abhängig machen, da vielfach nicht vorherzusehen ist, welche praktischen Konsequenzen die Ergebnisse einer am Erkenntnisinteresse ausgerichteten Grundlagenforschung haben werden. Dies gilt insbesondere für die Grundlagenforschung im Rahmen der Teilchenphysik. Was sich auf diesem Gebiet von praktischem Nutzen für die Zukunft erweisen wird, kann heute auch die kühnste Phantasie nicht vorhersagen. Überdies darf nicht vergessen werden, daß zu allen Zeiten, die menschliche Neugier der Motor der technisch-wissenschaftlichen Entwicklung war, die ungeachtet aller Gefahren nicht zuletzt dazu beigetragen hat, das Leben auf unserem Planeten angenehmer zu gestalten.

# Glossar

**Allgemeine Relativitätstheorie:** Die von Albert Einstein im Jahre 1916 aufgestellte Theorie der Gravitation. Sie ersetzte die Newton'sche Gravitationskraft durch die Raumzeit-Krümmung, die die Materie bzw. die Energie in ihrer Umgebung verursacht.

**Alphateilchen:** Kerne des Heliumatoms, die aus zwei Protonen und zwei Neutronen bestehen. Man nennt sie auch Alpha-Strahlen ($\alpha$-Strahlen).

**Antiteilchen:** Alle Teilchen weisen Antiteilchen auf, welche die gleiche Masse, den gleichen Spin und die gleiche elektrische Ladung, doch mit umgekehrtem Vorzeichen haben. Einige davon, z. B. das Photon und das $\pi^0$-Meson, stellen ihre eigenen Antiteilchen dar. Antiteilchen sind Teilchen der Antimaterie.

**Baryonen:** Eine Gruppe von Hadronen, deren Spin halbzahlig ist. Zu dieser Gruppe gehören insbesondere die Nukleonen, d. h. die Protonen und die Neutronen.

**Betazerfall** (auch: **$\beta$-Zerfall**): Der Zerfall des Neutrons in ein Proton, ein Elektron und ein Elektron-Antineutrino durch die Wirkung der schwachen Kraft.

**Bosonen:** Teilchen mit ganzzahligem Spin. Zur Familie der Bosonen gehören kraftübermittelnde Teilchen wie z. B. Gluonen oder Photonen.

**Chiralität:** Bezeichnung für die fundamentale Händigkeit der Natur (gr. χείρ „Hand"). Elementarteilchen-Theorien unterliegen stets der Chiralität.

**Chromodynamik** (kurz **QCD**): Theorie, die die Wechselwirkungen zwischen Quarks und Gluonen erklärt.

**Deuteron:** Der Atomkern des Deuteriums. Er besteht aus einem Proton und einem Neutron, die durch die starke Kraft zusammengehalten werden.

**Eichtheorien:** Theorien, die die Kraft geometrisch in Form lokaler bzw. globaler Symmetrien behandeln.

**Elektron:** Das leichteste elektrisch geladene Elementarteilchen mit einer Ladung von $1,66022 \cdot 10^{-19}$ Coulomb.

**Elementarladung:** Die elektrische Ladung des Elektrons.

**Elementarteilchen:** Als elementar werden Teilchen bezeichnet, die keine innere Struktur aufweisen. In diesem Sinne stellen Nukleonen (Protonen und Neutronen) keine Elementarteilchen dar, da sie aus je drei Quarks bestehen.

**Farbe bzw. Farbladung:** Eine Quantenzahl der Quarks.

**Fermionen:** Teilchen mit halbzahligem Spin.

**Gluonen:** Botenteilchen, die für die Wechselwirkungen zwischen den Quarks verantwortlich sind. Sie sind elektrisch neutral und inzwischen experimentell nachgewiesen.

**Gravitonen:** Die von Einstein im Rahmen der allgemeinen Relativitätstheorie postulierten Teilchen, die für die Gravitation verantwortlich sind. Trotz intensiver Forschungen sind sie einstweilen experimentell nicht nachgewiesen.

**Hadronen:** Teilchen, die der starken Kraft unterliegen.

**Leptonen:** 1/2-Spin-Teilchen, die an den starken Wechselwirkungen nicht teilnehmen. Elektronen und Neutrinos gehören zu dieser Teilchenfamilie.

**Lichtquant:** vgl. Photon.

**Lichtgeschwindigkeit:** Die Ausbreitungsgeschwindigkeit des Lichtes im Vakuum. Sie beträgt ca. $3 \cdot 10^8$ m/s.

**Lichtjahr:** Die Strecke, die das Licht in einem Jahr zurücklegt. Sie beträgt ca. $9,46 \cdot 10^{12}$ km.

**Kompaktisierung:** Das „Aufwickeln" einer Anzahl von Dimensionen im Rahmen der Superstringtheorie.

**Mesonen:** Teilchen, die an den starken Weckselwirkungen teilnehmen und ganzzahligen Spin aufweisen.

**Monopol:** Hypothetisches Teilchen, das einen einzigen magnetischen Pol aufweist.

**Myon:** Negativ geladenes Lepton. Es wiegt 207mal mehr als das Elektron.

**Neutron:** Elektrisch neutrales Teilchen mit einer Masse von $1,6750 \cdot 10^{-27}$ kg und einer Ausdehnung von $0,8 \cdot 10^{-13}$ cm.

**Nukleon:** Zusammenfassender Begriff für Protonen und Neutronen, d. h. Teilchen, aus denen die Atomkerne zusammengesetzt sind.

**Photon:** Masseloses Elementarteilchen des Lichtes. Bei einer Frequenz $v$ hat das Photon, das auch als Lichtquant bezeichnet wird, eine Energie von $h \cdot v$, wobei h die Planck'sche Konstante darstellt.

**Planck'sche Konstante (h):** Naturkonstante von fundamentaler Bedeutung. Ihr Wert beträgt $6,62 \cdot 10^{-34}$ $Ws^2$.

**Positron ($e^+$):** Das Antiteilchen des Elektrons.

**Proton ($p^+$):** Elektrisch positiv geladenes Teilchen, das zugleich den Atomkern des Wasserstoffatoms darstellt. Es ist der Gegenspieler des Elektrons und weist eine Masse von $1,6724 \cdot 10^{-27}$ kg auf.

**Quantenmechanik:** Eine andere Bezeichnung für die Quantentheorie, d. h. jene Theorie, die den Mikrokosmos zu beschreiben vermag.

**Quarks:** Konstituenten von Hadronen.

**Spezielle Relativitätstheorie:** Die von Albert Einstein im Jahre 1905 aufgestellte Theorie, die die Newton'sche Mechanik zum Sturz brachte und die Begriffe „Zeit", „Raum", „Masse" und „Energie" revolutionierte.

**Strings:** Elementarteilchen der Stringstheorie. Strings, die eine Supersymmetrie aufweisen, nennt man Superstrings.

**Twistoren:** Masselose Objekte mit linearem Impuls und Drehimpuls im Rahmen der Twistorentheorie. Twistoren, die eine Supersymmetrie aufweisen, nennt man Supertwistoren.

**Urknall-Theorie:** Theorie, nach der das heutige Universum durch einen Urknall entstand.

**Weltlinie:** Der Weg, den ein Körper in der Raumzeit zurücklegt.

# Anhang

## Tabelle A1: Das Periodensystem der chemischen Elemente.

| Elektronen- schalen / Gruppe | I a | II a | III b | IV b | V b | VI b | VII b | VIII b | VIII b | VIII b | I b | II b | III a | IV a | V a | VI a | VII a | VIII a |
|---|---|---|---|---|---|---|---|---|---|---|---|---|---|---|---|---|---|---|
| 1. K | 1 H 1,008 | | | | | | | | | | | | | | | | | 2 He 4,003 |
| 2. L | 3 Li 6,941 | 4 Be 9,012 | | | | | | | | | | | 5 B 10,81 | 6 C 12,011 | 7 N 14,007 | 8 O 15,999 | 9 F 19,00 | 10 Ne 20,179 |
| 3. M | 11 Na 22,99 | 12 Mg 24,31 | | | | | | | | | | | 13 Al 26,98 | 14 Si 28,09 | 15 P 30,97 | 16 S 32,06 | 17 Cl 35,45 | 18 Ar 39,948 |
| 4. N | 19 K 39,10 | 20 Ca 40,08 | 21 Sc 44,96 | 22 Ti 47,88 | 23 V 50,94 | 24 Cr 52,00 | 25 Mn 54,94 | 26 Fe 55,85 | 27 Co 58,93 | 28 Ni 58,69 | 29 Cu 63,55 | 30 Zn 65,38 | 31 Ga 69,72 | 32 Ge 72,59 | 33 As 74,92 | 34 Se 78,96 | 35 Br 79,90 | 36 Kr 83,80 |
| 5. O | 37 Rb 85,47 | 38 Sr 87,62 | 39 Y 88,91 | 40 Zr 91,22 | 41 Nb 92,91 | 42 Mo 95,94 | 43 Tc | 44 Ru 101,1 | 45 Rh 102,91 | 46 Pd 106,4 | 47 Ag 107,87 | 48 Cd 112,41 | 49 In 114,82 | 50 Sn 118,69 | 51 Sb 121,75 | 52 Te 127,60 | 53 I 126,90 | 54 Xe 131,29 |
| 6. P | 55 Cs 132,91 | 56 Ba 137,33 | 57-71 La Reihe | 72 Hf 178,49 | 73 Ta 180,95 | 74 W 183,85 | 75 Re 186,21 | 76 Os 190,2 | 77 Ir 192,2 | 78 Pt 195,08 | 79 Au 197,0 | 80 Hg 200,59 | 81 Tl 204,38 | 82 Pb 207,2 | 83 Bi 208,98 | 84 Po | 85 At | 86 Rn |
| 7. Q | 87 Fr | 88 Ra 226,03 | 89-103 Ac Reihe | (104) Rf | (105) Ha | (106) (a) | (107) (a) | (108) (a) | (109) (a) | | | | | | | | | |

| La Reihe | 57 La 138,91 | 58 Ce 140,12 | 59 Pr 140,91 | 60 Nd 144,24 | 61 Pm | 62 Sm 150,36 | 63 Eu 152,0 | 64 Gd 157,25 | 65 Tb 158,93 | 66 Dy 162,5 | 67 Ho 164,93 | 68 Er 167,26 | 69 Tm 168,93 | 70 Yb 173,04 | 71 Lu 174,97 |
|---|---|---|---|---|---|---|---|---|---|---|---|---|---|---|---|
| Ac Reihe | 89 Ac 227,03 | 90 Th 232,04 | 91 Pa 231,04 | 92 U 238,03 | 93 Np | 94 Pu | 95 Am | 96 Cm | 97 Bk | 98 Cf | 99 E | 100 Fm | 101 Mv | 102 No | (103) Lr |

a = Hauptgruppe
b = Nebengruppe

139

**Tabelle A2: Die chemischen Elemente in alphabetischer Anordnung.**

| Element | Chem. Zeichen | Ordnungszahl | Chem. Atomgewicht | Element | Chem. Zeichen | Ordnungszahl | Chem. Atomgewicht |
|---|---|---|---|---|---|---|---|
| Actinium | Ac | 89 | 227,05 | Mendelevium | Md | 101 | (256) |
| Aluminium | Al | 13 | 26,9815 | Molybdän | Mo | 42 | 95,94 |
| Americium | Am | 95 | (243) | Natrium | Na | 11 | 22,9898 |
| Antimon | Sb | 51 | 121,75 | Neodym | Nd | 60 | 144,24 |
| Argon | Ar | 18 | 39,948 | Neon | Ne | 10 | 20,183 |
| Arsen | As | 33 | 74,9216 | Neptunium | Np | 93 | (237) |
| Astat | At | 85 | (211) | Nickel | Ni | 28 | 58,71 |
| Barium | Ba | 56 | 137,34 | Niob | Nb | 41 | 92,906 |
| Berkelium | Bk | 97 | (247) | Nobelium | No | 102 | (254) |
| Beryllium | Be | 4 | 9,0122 | Osmium | Os | 76 | 190,2 |
| Blei | Pb | 82 | 207,19 | Palladium | Pd | 46 | 106,4 |
| Bor | B | 5 | 10,811 | Phosphor | P | 15 | 30,9738 |
| Brom | Br | 35 | 79,909 | Platin | Pt | 78 | 195,09 |
| Cadmium | Cd | 48 | 112,40 | Plutonium | Pu | 94 | (244) |
| Calcium | Ca | 20 | 40,08 | Polonium | Po | 84 | 210 |
| Californium | Cf | 98 | (251) | Praseodym | Pr | 59 | 140,907 |
| Caesium | Cs | 55 | 132,905 | Promethium | Pm | 61 | (144) |
| Cer | Ce | 58 | 140,12 | Protactinium | Pa | 91 | 231 |
| Chlos | Cl | 12 | 35,453 | Quecksilber | Hg | 80 | 200,59 |
| Chrom | Cr | 24 | 51,996 | Radium | Ra | 88 | 226,05 |
| Curium | Cm | 96 | (247) | Radon | Rn | 86 | 222 |
| Dysprosium | Dy | 66 | 162,50 | Rhenium | Re | 75 | 186,2 |
| Einsteinium | Es | 99 | (254) | Rhodium | Rh | 45 | 102,905 |
| Eisen | Fe | 26 | 55,847 | Rubidium | Rb | 37 | 85,47 |
| Erbium | Er | 68 | 167,26 | Ruthenium | Ru | 44 | 101,07 |
| Europium | Eu | 63 | 151,96 | Samarium | Sm | 62 | 150,35 |
| Fermium | Fm | 100 | (253) | Sauerstoff | O | 8 | 15,9994 |
| Fluor | F | 9 | 18,9984 | Scandium | Sc | 21 | 44,956 |
| Francium | Fr | 87 | (223) | Schwefel | S | 16 | 32,064 |
| Godalinium | Gd | 64 | 157,25 | Selen | Se | 34 | 78,96 |
| Gallium | Ga | 31 | 69,72 | Silber | Ag | 47 | 107,870 |
| Germanium | Ge | 32 | 72,59 | Silicium | Si | 14 | 28,086 |
| Gold | Au | 79 | 196,967 | Stickstoff | N | 7 | 14,0067 |
| Hafnium | Hf | 72 | 178,49 | Strontium | Sr | 38 | 87,62 |
| Hahnium | Ha | 105 | 260 | Tantal | Ta | 73 | 180,948 |
| Helium | He | 2 | 4,0026 | Technetium | Tc | 43 | (99) |
| Holmium | Ho | 67 | 164,930 | Tellur | Te | 52 | 127,60 |
| Indium | In | 49 | 114,82 | Terbium | Tb | 65 | 158,924 |
| Iridium | Ir | 77 | 192,2 | Thallium | Tl | 81 | 204,37 |
| Jod | J | 53 | 126,9044 | Thorium | Th | 90 | 232,038 |
| Kalium | K | 19 | 39,102 | Thulium | Tm | 69 | 168,934 |
| Kobalt | Co | 27 | 58,9332 | Titan | Ti | 22 | 47,90 |
| Kohlenstoff | C | 6 | 12,01115 | Uran | U | 92 | 238,03 |
| Kupfer | Cu | 29 | 63,54 | Vanadium | V | 23 | 50,942 |
| Kurtschatowium | Ku | 104 | 260 | Wasserstoff | H | 1 | 1,00797 |
| | | | | Wismut | Bi | 83 | 208,980 |
| Lanthan | La | 57 | 138,91 | Wolfram | W | 74 | 183,85 |
| Laurentium | Lr | 03 | (257) | Xenon | X | 54 | 131,30 |
| Lithium | Li | 3 | 6,939 | Ytterbium | Yb | 70 | 173,04 |
| Luterium | Lu | 71 | 174,97 | Yttrium | Y | 39 | 88,905 |
| Magnesium | Mg | 12 | 24,312 | Zink | Zn | 30 | 65,37 |
| Mangan | Mn | 25 | 54,9381 | Zinn | Sn | 50 | 118,69 |
| | | | | Zirkonium | Zr | 40 | 91,22 |

# Tabelle A3: Chemische Elemente und ihre Elektronenanordnung.

| Ch. Element | K 1s | L 2s | L 2p | M 3s | M 3p | M 3d | N 4s | N 4p | N 4d | N 4f | O 5s | O 5p | O 5d | O 5f |
|---|---|---|---|---|---|---|---|---|---|---|---|---|---|---|
| 1 H | 1 | | | | | | | | | | | | | |
| 2 He | 2 | | | | | | | | | | | | | |
| 3 Li | 2 | 1 | | | | | | | | | | | | |
| 4 Be | 2 | 2 | | | | | | | | | | | | |
| 5 B | 2 | 2 | 1 | | | | | | | | | | | |
| 6 C | 2 | 2 | 2 | | | | | | | | | | | |
| 7 N | 2 | 2 | 3 | | | | | | | | | | | |
| 8 O | 2 | 2 | 4 | | | | | | | | | | | |
| 9 F | 2 | 2 | 5 | | | | | | | | | | | |
| 10 Ne | 2 | 2 | 6 | | | | | | | | | | | |
| 11 Na | 2 | 2 | 6 | 1 | | | | | | | | | | |
| 12 Mg | 2 | 2 | 6 | 2 | | | | | | | | | | |
| 13 Al | 2 | 2 | 6 | 2 | 1 | | | | | | | | | |
| 14 Si | 2 | 2 | 6 | 2 | 2 | | | | | | | | | |
| 15 P | 2 | 2 | 6 | 2 | 3 | | | | | | | | | |
| 16 S | 2 | 2 | 6 | 2 | 4 | | | | | | | | | |
| 17 Cl | 2 | 2 | 6 | 2 | 6 | | | | | | | | | |
| 18 Ar | 2 | 2 | 6 | 2 | 6 | | | | | | | | | |
| 19 K | 2 | 2 | 6 | 2 | 6 | | 1 | | | | | | | |
| 20 Ca | 2 | 2 | 6 | 2 | 6 | | 2 | | | | | | | |
| 21 Sc | 2 | 2 | 6 | 2 | 6 | 1 | 2 | | | | | | | |
| 22 Ti | 2 | 2 | 6 | 2 | 6 | 2 | 2 | | | | | | | |
| 23 V | 2 | 2 | 6 | 2 | 6 | 3 | 2 | | | | | | | |
| 24 Cr | 2 | 2 | 6 | 2 | 6 | 4 | 2 | | | | | | | |
| 25 Mn | 2 | 2 | 6 | 2 | 6 | 5 | 2 | | | | | | | |
| 26 Fe | 2 | 2 | 6 | 2 | 6 | 6 | 2 | | | | | | | |
| 27 Co | 2 | 2 | 6 | 2 | 6 | 7 | 2 | | | | | | | |
| 28 Ni | 2 | 2 | 6 | 2 | 6 | 8 | 2 | | | | | | | |
| 29 Cu | 2 | 2 | 6 | 2 | 6 | 10 | 1 | | | | | | | |
| 30 Zn | 2 | 2 | 6 | 2 | 6 | 10 | 2 | | | | | | | |
| 31 Ga | 2 | 2 | 6 | 2 | 6 | 10 | 2 | 1 | | | | | | |
| 32 Ge | 2 | 2 | 6 | 2 | 6 | 10 | 2 | 2 | | | | | | |
| 33 As | 2 | 2 | 6 | 2 | 6 | 10 | 2 | 3 | | | | | | |
| 34 Se | 2 | 2 | 6 | 2 | 6 | 10 | 2 | 4 | | | | | | |
| 35 Br | 2 | 2 | 6 | 2 | 6 | 10 | 2 | 5 | | | | | | |
| 36 Kr | 2 | 2 | 6 | 2 | 6 | 10 | 2 | 6 | | | | | | |
| 37 Rb | 2 | 2 | 6 | 2 | 6 | 10 | 2 | 6 | | | 1 | | | |
| 38 Sr | 2 | 2 | 6 | 2 | 6 | 10 | 2 | 6 | | | 2 | | | |
| 39 Y | 2 | 2 | 6 | 2 | 6 | 10 | 2 | 6 | 1 | | 2 | | | |
| 40 Zr | 2 | 2 | 6 | 2 | 6 | 10 | 2 | 6 | 2 | | 2 | | | |
| 41 Nb | 2 | 2 | 6 | 2 | 6 | 10 | 2 | 6 | 3 | | 2 | | | |
| 42 Mo | 2 | 2 | 6 | 2 | 6 | 10 | 2 | 6 | 4 | | 2 | | | |
| 43 Te | 2 | 2 | 6 | 2 | 6 | 10 | 2 | 6 | 5 | | 2 | | | |
| 44 Ru | 2 | 2 | 6 | 2 | 6 | 10 | 2 | 6 | 7 | | 1 | | | |
| 45 Rh | 2 | 2 | 6 | 2 | 6 | 10 | 2 | 6 | 8 | | 1 | | | |
| 46 Pd | 2 | 2 | 6 | 2 | 6 | 10 | 2 | 6 | 10 | | | | | |
| 47 Ag | 2 | 2 | 6 | 2 | 6 | 10 | 2 | 6 | 10 | | 1 | | | |
| 48 Cd | 2 | 2 | 6 | 2 | 6 | 10 | 2 | 6 | 10 | | 2 | | | |
| 49 In | 2 | 2 | 6 | 2 | 6 | 10 | 2 | 6 | 10 | 2 | 1 | | | |
| 50 Sn | 2 | 2 | 6 | 2 | 6 | 10 | 2 | 6 | 10 | 2 | 2 | | | |
| 51 Sb | 2 | 2 | 6 | 2 | 6 | 10 | 2 | 6 | 10 | 2 | 3 | | | |

| Ch. Element | K 1s | L 2s | 2p | M 3s | 3p | 3d | N 4s | 4p | 4d | 4f | O 5s | 5p | 5d | 5f | P 6s | 6p | 6d | Q 7s |
|---|---|---|---|---|---|---|---|---|---|---|---|---|---|---|---|---|---|---|
| 52 Te | 2 | 2 | 6 | 2 | 6 | 10 | 2 | 6 | 10 |  | 2 | 4 |  |  |  |  |  |  |
| 53 I | 2 | 2 | 6 | 2 | 6 | 10 | 2 | 6 | 10 |  | 2 | 5 |  |  |  |  |  |  |
| 54 Xe | 2 | 2 | 6 | 2 | 6 | 10 | 2 | 6 | 10 |  | 2 | 6 |  |  |  |  |  |  |
| 55 Cs | 2 | 2 | 6 | 2 | 6 | 10 | 2 | 6 | 10 |  | 2 | 6 |  |  | 1 |  |  |  |
| 56 Ba | 2 | 2 | 6 | 2 | 6 | 10 | 2 | 6 | 10 |  | 2 | 6 |  |  | 2 |  |  |  |
| 57 La | 2 | 2 | 6 | 2 | 6 | 10 | 2 | 6 | 10 |  | 2 | 6 | 1 |  | 2 |  |  |  |
| 58 Ce | 2 | 2 | 6 | 2 | 6 | 10 | 2 | 6 | 10 | 2 | 2 | 6 | 1 |  | 2 |  |  |  |
| 59 Pr | 2 | 2 | 6 | 2 | 6 | 10 | 2 | 6 | 10 | 3 | 2 | 6 |  |  | 2 |  |  |  |
| 60 Nd | 2 | 2 | 6 | 2 | 6 | 10 | 2 | 6 | 10 | 4 | 2 | 6 |  |  | 2 |  |  |  |
| 61 Pm | 2 | 2 | 6 | 2 | 6 | 10 | 2 | 6 | 10 | 5 | 2 | 6 |  |  | 2 |  |  |  |
| 62 Sm | 2 | 2 | 6 | 2 | 6 | 10 | 2 | 6 | 10 | 6 | 2 | 6 |  |  | 2 |  |  |  |
| 63 Eu | 2 | 2 | 6 | 2 | 6 | 10 | 2 | 6 | 10 | 7 | 2 | 6 |  |  | 2 |  |  |  |
| 64 Gd | 2 | 2 | 6 | 2 | 6 | 10 | 2 | 6 | 10 | 7 | 2 | 6 | 1 |  | 2 |  |  |  |
| 65 Tb | 2 | 2 | 6 | 2 | 6 | 10 | 2 | 6 | 10 | 9 | 2 | 6 |  |  | 2 |  |  |  |
| 66 Dy | 2 | 2 | 6 | 2 | 6 | 10 | 2 | 6 | 10 | 10 | 2 | 6 |  |  | 2 |  |  |  |
| 67 Ho | 2 | 2 | 6 | 2 | 6 | 10 | 2 | 6 | 10 | 10 | 2 | 6 |  |  | 2 |  |  |  |
| 68 Er | 2 | 2 | 6 | 2 | 6 | 10 | 2 | 6 | 10 | 12 | 2 | 6 |  |  | 2 |  |  |  |
| 69 Tm | 2 | 2 | 6 | 2 | 6 | 10 | 2 | 6 | 10 | 13 | 2 | 6 |  |  | 2 |  |  |  |
| 70 Yb | 2 | 2 | 6 | 2 | 6 | 10 | 2 | 6 | 10 | 14 | 2 | 6 |  |  | 2 |  |  |  |
| 71 Lu | 2 | 2 | 6 | 2 | 6 | 10 | 2 | 6 | 10 | 14 | 2 | 6 | 1 |  | 2 |  |  |  |
| 72 Hf | 2 | 2 | 6 | 2 | 6 | 10 | 2 | 6 | 10 | 14 | 2 | 6 | 2 |  | 2 |  |  |  |
| 73 Ta | 2 | 2 | 6 | 2 | 6 | 10 | 2 | 6 | 10 | 14 | 2 | 6 | 3 |  | 2 |  |  |  |
| 74 W | 2 | 2 | 6 | 2 | 6 | 10 | 2 | 6 | 10 | 14 | 2 | 6 | 4 |  | 2 |  |  |  |
| 75 Re | 2 | 2 | 6 | 2 | 6 | 10 | 2 | 6 | 10 | 14 | 2 | 6 | 5 |  | 2 |  |  |  |
| 76 Os | 2 | 2 | 6 | 2 | 6 | 10 | 2 | 6 | 10 | 14 | 2 | 6 | 6 |  | 2 |  |  |  |
| 77 Ir | 2 | 2 | 6 | 2 | 6 | 10 | 2 | 6 | 10 | 14 | 2 | 6 | 7 |  | 2 |  |  |  |
| 78 Pt | 2 | 2 | 6 | 2 | 6 | 10 | 2 | 6 | 10 | 14 | 2 | 6 | 9 |  | 1 |  |  |  |
| 79 Au | 2 | 2 | 6 | 2 | 6 | 10 | 2 | 6 | 10 | 14 | 2 | 6 | 10 |  | 1 |  |  |  |
| 80 Hg | 2 | 2 | 6 | 2 | 6 | 10 | 2 | 6 | 10 | 14 | 2 | 6 | 10 |  | 2 |  |  |  |
| 81 Tl | 2 | 2 | 6 | 2 | 6 | 10 | 2 | 6 | 10 | 14 | 2 | 6 | 10 |  | 2 | 1 |  |  |
| 82 Pb | 2 | 2 | 6 | 2 | 6 | 10 | 2 | 6 | 10 | 14 | 2 | 6 | 10 |  | 2 | 1 |  |  |
| 83 Bi | 2 | 2 | 6 | 2 | 6 | 10 | 2 | 6 | 10 | 14 | 2 | 6 | 10 |  | 2 | 3 |  |  |
| 84 Po | 2 | 2 | 6 | 2 | 6 | 10 | 2 | 6 | 10 | 14 | 2 | 6 | 10 |  | 2 | 4 |  |  |
| 85 At | 2 | 2 | 6 | 2 | 6 | 10 | 2 | 6 | 10 | 14 | 2 | 6 | 10 |  | 2 | 5 |  |  |
| 86 Rn | 2 | 2 | 6 | 2 | 6 | 10 | 2 | 6 | 10 | 14 | 2 | 6 | 10 |  | 2 | 6 |  |  |
| 87 Fr | 2 | 2 | 6 | 2 | 6 | 10 | 2 | 6 | 10 | 14 | 2 | 6 | 10 |  | 2 | 6 |  | 1 |
| 88 Ra | 2 | 2 | 6 | 2 | 6 | 10 | 2 | 6 | 10 | 14 | 2 | 6 | 10 |  | 2 | 6 |  | 2 |
| 89 Ac | 2 | 2 | 6 | 2 | 6 | 10 | 2 | 6 | 10 | 14 | 2 | 6 | 10 |  | 2 | 6 | 1 | 2 |
| 90 Th | 2 | 2 | 6 | 2 | 6 | 10 | 2 | 6 | 10 | 14 | 2 | 6 | 10 |  | 2 | 6 | 2 | 2 |
| 91 Pa | 2 | 2 | 6 | 2 | 6 | 10 | 2 | 6 | 10 | 14 | 2 | 6 | 10 | 2 | 2 | 6 | 1 | 2 |
| 92 U | 2 | 2 | 6 | 2 | 6 | 10 | 2 | 6 | 10 | 14 | 2 | 6 | 10 | 3 | 2 | 6 | 1 | 2 |
| 93 Np | 2 | 2 | 6 | 2 | 6 | 10 | 2 | 6 | 10 | 14 | 2 | 6 | 10 | 4 | 2 | 6 | 1 | 2 |
| 94 Pu | 2 | 2 | 6 | 2 | 6 | 10 | 2 | 6 | 10 | 14 | 2 | 6 | 10 | 6 | 2 | 6 |  | 2 |
| 95 Am | 2 | 2 | 6 | 2 | 6 | 10 | 2 | 6 | 10 | 14 | 2 | 6 | 10 | 7 | 2 | 6 |  | 2 |
| 96 Cm | 2 | 2 | 6 | 2 | 6 | 10 | 2 | 6 | 10 | 14 | 2 | 6 | 10 | 7 | 2 | 6 | 1 | 2 |
| 97 Bk | 2 | 2 | 6 | 2 | 6 | 10 | 2 | 6 | 10 | 14 | 2 | 6 | 10 | 9 | 2 | 6 |  | 2 |
| 98 Cf | 2 | 2 | 6 | 2 | 6 | 10 | 2 | 6 | 10 | 14 | 2 | 6 | 10 | 10 | 2 | 6 |  | 2 |
| 99 Es | 2 | 2 | 6 | 2 | 6 | 10 | 2 | 6 | 10 | 14 | 2 | 6 | 10 | 11 | 2 | 6 |  | 2 |
| 00 Fm | 2 | 2 | 6 | 2 | 6 | 10 | 2 | 6 | 10 | 14 | 2 | 6 | 10 | 12 | 2 | 6 |  | 2 |
| 101 Md | 2 | 2 | 6 | 2 | 6 | 10 | 2 | 6 | 10 | 14 | 2 | 6 | 10 | 13 | 2 | 6 |  | 2 |
| 102 No | 2 | 2 | 6 | 2 | 6 | 10 | 2 | 6 | 10 | 14 | 2 | 6 | 10 | 14 | 2 | 6 |  | 2 |
| 103 Lr | 2 | 2 | 6 | 2 | 6 | 10 | 2 | 6 | 10 | 14 | 2 | 6 | 10 | 14 | 2 | 6 | 1 | 2 |
| 104 | 2 | 2 | 6 | 2 | 6 | 10 | 2 | 6 | 10 | 14 | 2 | 6 | 10 | 14 | 2 | 6 | 2 | 2 |
| 105 | 2 | 2 | 6 | 2 | 6 | 10 | 2 | 6 | 10 | 14 | 2 | 6 | 10 | 14 | 2 | 6 | 3 | 2 |
| 106 | 2 | 2 | 6 | 2 | 6 | 10 | 2 | 6 | 10 | 14 | 2 | 6 | 10 | 14 | 2 | 6 | 4 | 2 |

**Tabelle A4: Quarks und ihre Hauptkenndaten.**

|  | Masse | Spin | Ladung | Lebensdauer |
|---|---|---|---|---|
| up (u) <br> Anti-up ($\bar{u}$) | ~ 5 MeV | 1/2 | + 2/3 <br> − 2/3 | stabil |
| down (d) <br> Anti-down ($\bar{d}$) | ~ 10 MeV | 1/2 | − 1/3 <br> + 1/3 | verschieden |
| strange (s) <br> Anti-strange($\bar{s}$) | ~ 100 MeV | 1/2 | − 1/3 <br> + 1/3 | verschieden |
| charme (c) <br> Anti-charme ($\bar{c}$) | ~ 1,5 GeV | 1/2 | + 2/3 <br> − 2/3 | verschieden |
| botton (b) bzw. beauty (b) <br> Anti-botton ($\bar{b}$) | ~ 4,7 GeV | 1/2 | − 1/3 <br> + 1/3 | verschieden |
| top (t) bzw. truth (t) <br> Anti-top ($\bar{t}$) | > 30 GeV | 1/2 | + 2/3 <br> − 2/3 | verschieden |

**Tabelle A5: Mesonen und ihre Hauptkenndaten.**

|  | Masse | Spin | Ladung | Quarkaufbau | Lebensdauer |
|---|---|---|---|---|---|
| Pion-null ($\pi^0$) | 135 MeV | 0 | 0 | $u\bar{u}$ oder $d\bar{d}$ | $0,8 \cdot 10^{-16}$ s |
| Pion-plus ($\pi^+$) <br> Pion-minus ($\pi^-$) | 140 MeV | 0 | + 1 <br> − 1 | $u\bar{d}$ <br> $d\bar{u}$ | $2,6 \cdot 10^{-8}$ s |
| Kaon-null ($K^0$) | 498 MeV | 0 | 0 | $d\bar{s}$ | kurz: $10^{-10}$ s <br> lang: $5 \cdot 10^{-8}$ s |
| Kaon-plus ($K^+$) <br> Kaon-minus ($K^-$) | 494 MeV | 0 | + 1 <br> − 1 | $u\bar{s}$ <br> $s\bar{u}$ | $1,2 \cdot 10^{-8}$ s |
| J/$\Psi$ | 3,1 GeV | 1 | 0 | $c\bar{c}$ | $10^{-20}$ s |
| D-null ($D^0$) <br> D-plus ($D^+$) | 1,87 GeV | 0 | 0 <br> + 1 | $c\bar{u}$ <br> $c\bar{d}$ | $10^{-12}$ s <br> $4 \cdot 10^{-13}$ s |
| Y | 9,46 GeV | 1 | 0 | $b\bar{b}$ | $10^{-20}$ s |

**Tabelle A6: Baryonen und ihre Hauptkenndaten.**

| | Masse | Spin | Ladung | Quarkaufbau | Lebensdauer |
|---|---|---|---|---|---|
| Proton (p)<br>Antiproton $\bar{p}$ | 938,3 MeV | 1/2 | + 1<br>− 1 | $\underline{uud}$<br>$\overline{uud}$ | stabil<br>($> 10^{32}$ Jahre) |
| Neutron (n)<br>Antineutron ($\bar{n}$) | 939,6 MeV | 1/2 | 0 | $\underline{ddu}$<br>$\overline{ddu}$ | im Atomkern: stabil<br>frei: ca. 15 min |
| Lambda ($\Lambda$)<br>Antilambda ($\bar{\Lambda}$) | 1,115 GeV | 1/2 | 0 | $\underline{uds}$<br>$\overline{uds}$ | $2,6 \cdot 10^{-10}$ s |
| Sigma-plus ($\Sigma^+$)<br>Sigma-minus ($\Sigma^-$)<br>Sigma-null ($\Sigma^0$) | 1,189 GeV<br>1,197 GeV<br>1,192 GeV | 1/2 | + 1<br>− 1<br>0 | $\underline{uus}$<br>$\underline{dds}$<br>uds | $0,8 \cdot 10^{-10}$ s<br>$1,5 \cdot 10^{-10}$ s<br>$6 \cdot 10^{-20}$ s |
| Xi-null ($\Xi^0$)<br>Xi-minus ($\Xi^-$) | 1,315 GeV<br>1,321 GeV | 1/2 | 0<br>− 1 | uss<br>dss | $3 \cdot 10^{-10}$ s<br>$1,6 \cdot 10^{-10}$ s |
| Omega-minus ($\Omega^-$) | 1,672 GeV | 3/2 | − 1 | sss | $0,8 \cdot 10^{-10}$ s |
| Charm-Lambda ($\Lambda$c) | 2,28 GeV | 1/2 | + 1 | udc | $2 \cdot 10^{-13}$ s |

**Tabelle A7: Leptonen und ihre Hauptkenndaten.**

| | Masse | Spin | Ladung | Lebensdauer |
|---|---|---|---|---|
| Elektron (e⁻)<br>Antielektron (e⁺)<br>(Positron) | 0,511 MeV | 1/2 | + 1<br>− 1 | stabil |
| Myon ($\mu^-$)<br>Antimyon ($\mu^+$) | 105,6 MeV | 1/2 | − 1<br>+ 1 | $2 \cdot 10^{-6}$ s |
| Tau ($\tau^-$)<br>Antitau ($\tau^+$) | 1,784 GeV | 1/2 | − 1<br>+ 1 | $3 \cdot 10^{-13}$ s |
| Elektron-Neutrino ($\nu$e)<br>Antineutrino ($\bar{\nu}$e) | 0 (?)<br>< 50 eV | 1/2 | 0 | stabil (?) |
| Myon-Neutrino ($\nu\mu$)<br>Antineutrino ($\bar{\nu}\mu$) | 0 (?)<br>< 0,5 MeV | 1/2 | 0 | stabil (?) |
| Tau-Neutrino ($\nu\tau$)<br>Antineutrino ($\bar{\nu}\tau$) | 0 (?)<br>< 70 MeV | 1/2 | 0 | stabil (?) |

**Tabelle A8: Die vier Naturkräfte, ihre Ladungen, ihre Botenteilchen sowie ihre rel. Stärke.**

| Naturkraft | Ladungsart | Stärke (rel.) | Botenteilchen |
|---|---|---|---|
| Elektromagnetische Kraft | Elektrische Ladung | $\sim 10^{-3}$ | Photonen |
| Starke Kraft | Farbladungen | 1 | Gluonen |
| Schwache Kraft | Schwache Ladung | $\sim 10^{-5}$ | $W^+$-, $W^-$-, $Z^0$-Teilchen |
| Gravitation | Masse | $\sim 10^{-38}$ | Gravitonen |

# Literatur

1. Weizsäcker, C.F. v.: Aufbau der Physik, Hansa-Verlag, München 1985
2. Waloschek, P. / Höfling, O: Die Welt der kleinsten Teilchen, Rowohlt-Verlag, Reinbek bei Hamburg 1984
3. Fritzsch, H.: Vom Urknall zum Zerfall, Piper-Verlag, München 1983
4. Sexl, R.: Was die Welt zusammenhält, DVA-Verlag, Stuttgart 1982
5. Weinberg, S.: Die ersten drei Minuten, Piper-Verlag, München 1982
6. Sexl, R. / Schmidt, H.K.: Raum-Zeit-Relativität, Vieweg-Verlag, Wiesbaden 1981
7. Lüschner, E.: Pipers Buch der modernen Physik, Piper-Verlag, München 1980
8. Fritzsch, H.: Quarks, Urstoff unserer Welt, Piper-Verlag, München 1981
9. Davies, P.: Die Urkraft, Auf der Suche nach einer einheitlichen Theorie der Natur, Rasch und Röhling, Zürich 1987
10. Davies, P.: Gott und die moderne Physik, C. Bertelsmann-Verlag, München 1986
11. Davies, P.: Prinzip Chaos, C. Bertelsmann-Verlag, München 1988
12. Hawking, S.: Eine kurze Geschichte der Zeit. Die Suche nach der Urkraft des Universums, Rowohlt-Verlag, Reinbek bei Hamburg 1988
13. Karamanolis, S.: Phänomen Zeit, Elektra-Verlag, München 1989
14. Karamanolis, S.: Am Anfang war nur Energie, Elektra-Verlag, München 1987
15. Atkins, P.W.: Schöpfung ohne Schöpfer, Rowohlt-Verlag, Reinbek bei Hamburg 1984
16. Boslough, J.: Jenseits des Ereignishorizonts, Rowohlt-Verlag, Reinbek bei Hamburg 1985
17. Davies, B.: An Introduction to the Philosophy of Religion, Oxford University Press, Oxford 1982
18. Fraser, J.T.: The Genesis and Evolution of Time, University of Massachusetts Press, Amherst 1982
19. Whitrow, G.J.: The Natural Philosophy of Time, London 1961
20. Reeves, H.: Die kosmische Uhr. Hat das Universum einen Sinn?, Claasen-Verlag, Düsseldorf 1989
21. Capra, F.: Das Tao der Physik, Scherz-Verlag, München 1984
22. Reeves, H.: Woher nährt der Himmel seine Sterne? Die Entwicklung des Kosmos und die Zukunft des Menschen, Kassel 1983
23. Eddington, A.: Das Weltbild der Physik, Vieweg-Verlag, Braunschweig 1930